负责任创新（RRI）译丛

译丛主编：陈凡　副主编：曹东溟　姜小慧

卷二

Responsibility and Freedom
The Ethical Realm of RRI

责任与自由

负责任的研究与创新的伦理范畴

【比】

罗伯特·吉安尼

Robert Gianni

著

王健　姜小慧　马会端

译

辽宁人民出版社

版权合同登记号06-2020年第102号

图书在版编目（CIP）数据

责任与自由：负责任的研究与创新的伦理范畴 /（比）罗伯特·吉安尼（Robert Gianni）著；王健，姜小慧，马会端译.—沈阳: 辽宁人民出版社，2023.1
（负责任创新（RRI）译丛 / 陈凡主编）

书名原文：Responsibility and Freedom: The Ethical Realm of RRI by Robert Gianni, ISBN 9781848218970

ISBN 978-7-205-10561-7

Ⅰ. ①责… Ⅱ. ①罗… ②王… ③姜… ④马… Ⅲ. ①技术革新—伦理学—研究 Ⅳ.①B82-057

中国版本图书馆 CIP 数据核字（2022）第165914号

出版发行：辽宁人民出版社
　　　　　地址：沈阳市和平区十一纬路 25 号　邮编：110003
　　　　　电话：024-23284321（邮　购）　024-23284324（发行部）
　　　　　传真：024-23284191（发行部）　024-23284304（办公室）
　　　　　http://www.lnpph.com.cn
印　　　刷：辽宁新华印务有限公司
幅面尺寸：145mm×210mm
印　　张：8
字　　数：182千字
出版时间：2023 年 1 月第 1 版
印刷时间：2023 年 1 月第 1 次印刷
责任编辑：阎伟萍　孙　雯
装帧设计：留白文化
责任校对：刘再升
书　　号：ISBN 978-7-205-10561-7
定　　价：78.00元

序　言

　　负责任研究与创新（RRI）第二卷是由一位哲学家撰写的，他是这个新兴研究领域的专家，参与了包括负责任创新治理（GREAT）在内的诸多欧盟项目。除了对负责任创新实践或者说对如何形成行动框架这些重要方面的关注，在这本书中，罗伯特·吉安尼（Robert Gianni）还提出了一个嵌入在负责任创新理念中的哲学分析路径。这一点十分重要，丛书的其他几本也将从不同的视角对此加以探讨。

　　为了建立一个有效的、具体的伦理概念，吉安尼为 RRI 提供了一个非常有条理、有意义的理解。依据他的观点，自由是可能性的首要条件，这种可能性是责任的基础。这应该是显而易见的，但大多数关于 RRI 的论述或研究要么认为这一点已经得到保证，要么倾向于坚持法律框架。罗伯特·吉安尼认为，科学和创新之所以受到普遍的不信任，是因为它们有时被视为对自由的威胁。因此，依作者来看，不同的抗议以及支持抗议的理由，都或明或暗地提到保障个人自由的必要性。作者最终提出，每一种可以采用的用来调整科学与社会关系的方法，都必须以保障和发展个人自由为基础。

通过对几个案例的分析，他强调说，在合法性和效力方面，使用说服性的欧盟战略作为实施研究和创新的措施是不够的。如果欧盟是为了发展我们的经济而提高效率，它还必须保证这些领域在引导社会及其需要、价值和规范等方面的方式的合法性。

因此，根据吉安尼的观点，确切地说，欧盟应该将克服科学与社会关系的疏离作为目标，这种疏离的根源在于技术的质的增长以及在其增长过程中对社会以及它所需要的自由长期排斥。他所强调的欧洲"研究和创新战略"可以适用于每一个研究与创新发展强劲的国家。

吉安尼提供了对欧洲委员会指导原则的原始解释和科学界对RRI的批判性解读。通过以上两个方面的考虑，他认为，欧盟委员会关于RRI实际应用的指导原则，主要包括六个关键行动（利益相关者的参与，开放科学、科学素养、性别、治理和道德），而一些最重要的从负责任的纬度展开的理论研究也认为，如果将这六个关键行动作为行动列表采用，就可以实现RRI。吉安尼认为，实际上，欧盟委员会提出的这些关键点不应被视为静态的，而应被视为具有可操作性和动态性的。它们是嵌入在研究与创新中的关键行动或方式，而不是维度。通过这种方式，可以克服RRI概念和关键行动之间的疏离，而后者将作为实现前者的操作工具。

与大多数将利益相关者的参与（第一个关键点）作为负责任实践得以实现的观点相反，他将伦理治理（第五和第六个关键点的混合）作为主要手段，这样就兼顾了所有这些关键点并将其客观化到一般制度中。伦理治理的目标是为了使自由在合法性和有效性之间达成交互平衡（reflexiue equilibrium）。这种伦理治理假定了一种基于社会动力学的互补性视角，这一视角可以通过学习能力和适应能力在不同的社会维度之间获得发展。

这一观点在该系列丛书中的前一本《伦理效率》(*Ethical Efficiency*, LEN 13)中得到了一些呼应。其作者克里斯蒂安·维吉尔·勒努瓦（Cristian Virgil Lenoir）呼吁人们要真诚地关注与经济、科学或政治相关的各种效率逻辑之间的关系。对他来说，伦理可能会影响效率逻辑的进展，如果这些逻辑被一种他从中国哲学中借用来的术语——"伦理神经支配"（ethical innervation）持续地激励。但是克里斯蒂安·维吉尔·勒努瓦在他的那部著作中也十分谨慎地讨论了黑格尔在这方面的贡献。虽然是从不同的视角加以引用，但这位艰深却强大的哲学家同样在本书中占据了重要位置。勒努瓦的核心观念是偶然性和对偶然性的需要。而在这部著作中，罗伯特·吉安尼则坚持"自由"作为一种制度手段的重要性。自由具有两重性，一方面它具有先验性，这是每个人都不能放弃的，另一方面，自由不能通过任何客观的方法被决定，因为自由的内容不能预先给定，它永远都是内在的，这正好回应了勒努瓦的观点。

罗伯特·吉安尼关于自由和责任的主张有很多方面。但这并不是研究的障碍，因为研究人员通常会给予他们的工作额外的重视。为了研究本身的自由，研究必须诚实，而且必须开发出从定义上讲是不能完全预见的新事物，这即便是在项目规划和合同都计划好的情况下也会如此。自由不能在其内容和表达方式上预先确定。于是，自由总能找到新的表达方式。因为这个原因，责任的作用就是保护自由的可能性，以保障自由找到实现其本身的创新方式进而最终实现它自己的可能性（保护和实施）。

至此，我们可以把自由和责任联系起来，并给出这本书的大致方向："负责任意味着作为社会公认的道德行动者对所保障的自由作出响应，目的是维护这些自由，同时通过体制安排加以实现。"

在这个系列丛书中的第一本书中，勒努瓦讨论了经济和伦理之间的关系。在这部书中，吉安尼为法律领域提供了一个重要的讨论。弄清道德、伦理、政治和法律之间的区别和联系是困难的，这种困难就像我们在关于 RRI 至关重要的辩论和关于更一般意义上的责任问题讨论中遇到的一样。吉安尼正确地解读、讨论了康德、黑格尔、凯尔森和哈特等人的观点并将其重新引入关于 RRI 的讨论。我们远非局限于分析和当代的方法。

作者在第一章向我们展示了 RRI 是如何成为一个解决往昔争论的新框架的。他总结了参与辩论的主要研究者的不同概念，例如，冯·尚伯格、范登·霍温、阿明·格伦瓦尔德的概念，格伦瓦尔德为本系列丛书贡献了另外一册，吉安尼从神学和法律开始，描述了一种责任概念的谱系。为此，他追随了保罗·利科关于这个问题的研究，并将他引入 RRI 的实际研究中，令人遗憾的是，解释学领域很少有人引用这位非常有创造力的法国哲学家。在道德和政治哲学的当代讨论中也是同样的情况。在责任与自由的显现及实现的相关性方面，利科对责任进行了深入的概念及词源学分析。在责任的碎片化起源中，可以从以下两条重要脉络来理解责任，这可以帮助我们形成一个关于责任的多义概念，尽管到目前，责任概念依然是含糊不清的。一方面，我们具有这样的哲学遗产，这在康德的第一批判［KAN 98］中得以阐述，即从认识论和本体论上确定一个行动者的行动动机是重要的，另一方面，我们遇到了一种道德裁决（moral-juridical tradition）传统，它符合康德在第二批判［KAN 97］中所揭示的现象，在那里康德给出了个人道德义务与法律责任的评判标准。

另一位重要的哲学家阿克塞尔·霍耐特以其惊人而雄心勃勃的探索［HON 14a］，在这部著作里被用来对 RRI 作出非常原创性的贡献。在这本书中，霍耐特通过法律自由、道德自由和社会自由，分析了自由的权利、可能性和现实。自由努力实现一个双重目标：合法性和有效性。其特殊之处在于自由改变了人们对二者关系的认识。实现这双重目标的可能性是嵌入到了绝对独特的自由概念本质，这个概念中保守和创新是不可分开的，这两个方面不断转化、不断交换，这就使得确定其中一个或其他的本质特征十分困难。因为它们是被放置在一个框架内，这个框架包含着这些方面同时也超越着这些方面。这里，吉安尼谈到了一个道德框架。这种伦理自由（或社会自由，就像霍耐特所做的那样）是通过客观的视角，由制度中的个人自由构成的。自由在责任中找到了它的另一个自我，即通过制度机制来思考它的各种概念之间的平衡。为了有效，除了纯粹形式的有效性外，规范还必须是个体决定的。

以下是对 RRI 建设最有力和最具原创性的贡献之一：所有的责任概念必须放在一个概念框架中。通过这种方式，我们有一个可以包含两方面意义的概念，一方面是对我们认可的社区的责任承诺，但是，另一方面，也是一个具有超越性的概念，要对一个不确定的未来做出承诺。

在他的构想中，至少有三个重要的步骤。

第一个，仍然具有时效性，可以在黑格尔对康德方法的批评中找到，这种方法没有考虑到他所提到的规范的效力和应用。根据黑格尔的观点，康德认为除了一个简化了的法律方面之外，这些实体和制度方面是没有必要的。康德认为，必然性只存在于我们实现这些方面的合法性的程序的层次上。康德的程序主义方法假设所有可想象的目标和意图，只要它们满足道德反身性的条件。根据黑格尔的观点，我们不能将我们的理解局限于一种类型的自由，即只能是认识论的、反思的或道德的，否则就不会有那种自由的可能性条件。在黑格尔哲学中，伦理学是将主观冲动与客观现实的辩证法转化为促进其独特性的制度维度。霍耐特以运用黑格尔的认识理论超越哈贝马斯的程序主义而闻名，而吉安尼则紧随其后，展示了主体性以及媒介作为主体间认知工具的重要性。RRI 可以完成这些任务，扮演真正的伦理角色。

黑格尔赋予费希特的直觉以生命，并在认知基础上，塑造了在历史背景下通过媒介与其他主体相联系的主体形象。因此，他通过实现现代性的三个基本特征，设法去超越康德主体：（1）我们知识的起源是历史的（世界观、心态和传统、价值观、规范和制度和社会实践）。符号维度使不同历史语境和不同社会领域之间的交流成为可能。（2）媒介的生产（如语言）作为独立的功能，在主体与客体相遇之前就构成了主体与客体的关系。创新总是在拓展其语义。（3）个体贡献不是唯我的，而是在基于认知的社会结构中相互交织。

第二步依赖于法国哲学家弗朗索瓦·埃瓦尔德（François Ewald）的工作，他在关于福利国家和预防原则的辩论中发挥了重要作用。他强调政治、道德和制度机制之间的关系。他通过自由主义思想的发展过程，揭示了在道德与法律互动中出现的关联与矛盾。事实上，这两个维度是与特定历史时期政治领域主流意识形态的应用交织在一起的。把责任从具体的制度手段中分离出来产生了一种修辞用法，这种用法可能导致责任的概念仅仅作为意识形态合法化的工具。然而，吉安尼与埃瓦尔德的观点不同，他指出责任必须被抛弃，因为从概念上讲，责任是一种偏见观点的表达。吉安尼认为，埃瓦尔德在应用中简化了这个概念。如果说将这样一个宽泛的概念工具化具有很高的风险的话，那就是对政治表达不充分的一种袒护。这可能有助于在一定程度上突出责任可能招致的逻辑和伦理限制。

第三步起源于黑格尔，他指出要在理性（普遍）和历史（偶然）的不同维度之间寻求平衡。这两个方面之间的反思平衡（reflective equil brium）将使我们能够根据制度所处的社会领域和它们存在的作用来发现这些制度必须包含的内容。这种"规范重建"将引导我们对我们定义为负责或不负责的实践进行诊断。这是一种介于哲学和社会学之间的操作，来追溯这些内容及其制度化。社会及其提供的自由不再是要实现的目标或可能性，而是实现自由本身的必要性。从这个意义上说，各种制度必须努力促进和维护这种"经过深思熟虑的均衡（pondered equilibrium）"。可以用来解释责任的法律、道德或存在层面必须依据这种均衡的目标在社会中相互作用。为了适应具体的背景、相关的最重要的责任概念或有关的最必要的社会领域，对来自内在问题的内容权重的判断就变得必要了。

这个三步论证为伦理学的争论，更重要的是，为哲学和社会科学之间的关系，做出了巨大的贡献。

吉安尼的 RRI 伦理框架整合了责任概念的几个层次和不同的

深度。他不想把它们孤立在一个理论训练中，以理解或定义它们的特性。这种操作虽然有助于理解概念，但却低估了在更广泛的命题中嵌入不同理解以将其应用于实际领域的必要性。他认为，与其划分责任范围，我们必须理解它们是如何成为一个更宽泛概念的一部分的。作为责任特征的多义性提供了一系列概念，这些概念对自由的不同表述作出了回应。他的论点基于两个假设：（1）当我们找到自由时，就会出现各种各样的责任概念。不同概念之间的关系不是线性的，每个概念与责任之间的关系也不是线性的。（2）在伦理意义上，自由必须以复数形式实现。

根据作者的观点，我们需要绘制一个网格，把所有不同含义的责任与自由的镜面关系都置于其中。

他的概念理论在以往远离黑格尔哲学的制度设计领域非常有价值。将道德多元论与政治多元论相匹配是很有意义的。

RRI 研究领域的知识，以及对西方哲学传统中道德、伦理、法律、政治自由和责任的主要作者的仔细阅读，再加上他们对这些新的横切要求的解读，使这本书非常有价值。事实上，它已经表明了下一步讨论的方向。

伯纳德·雷伯
2015 年 12 月

致　谢

　　这本书是从两种不同的研究方向进展而来的，但这两种研究方向又不是始终能够明确区分的。

　　一种是我对社会的理解，这来自于我对法兰克福学派基于黑格尔主义视角的社会动力学方面的研究，另一种是帮助我们解决科学与社会各种争论的方法的理解和进展的日常研究工作。这样，就使得许多研究成果包含在这部书中，尽管很多时候这些成果是隐含着的。因此，由于为这本书作出贡献的人实在太多了，请原谅我不能一一列出他们的名字。

　　提摩太·舒伯索（Tinothy Shrubsall）在文本的语义学和语法方面发挥着关键的作用，因为要表达嵌入在文本中的术语和概念的细微差别存在着客观的困难。书中所有的错误和奇怪的表述都是由于我固执地试图保留某种术语与表达所导致的。

　　概念方面，我非常感谢阿克塞尔·霍耐特（Axel Honneth）、罗伯特·菲内利（Roberto Finelli）、贾科莫·马热姆（Giacomo Marramao）、勒奈·冯·肖伯格（René von Schomberg）、哈维尔·帕维（Xavier Pavie）、文森特·勃洛克（Vincent Blok）、伊博·范德·普尔（Ibo Van de Poel）、阿明·格伦瓦尔德（Armin Grunwald）、克劳斯·雅各布（Klaus Jacob）、杰伦·范登·霍温（Jeroen Van den Hoven）。

我要特别感谢伯纳德·雷伯（Bernard Reber）在概念和有关人性观点方面的帮助，尽管我知道他不可能同意本书中的所有观点，本书的大部结论都是得益于他慷慨的建议与讨论。

约翰·皮尔森（John Pearson）和菲利普·古戎（Philippe Goujon）都以不同的方式对这部书作出了贡献，他们使我没有忽视出版这部书的重要性，并教会了我连他们自己都想象不到的东西。维科·伊科宁（Veikko Ikonen）、杰里米·格罗斯曼（Jérémy Grosman）、阿兰·洛特（Alain Loute）在对科学与社会关系的理解方面的讨论也为我提供了丰富的灵感。

我还要特别感谢劳拉·奥格（Laura Oger）和克里斯特尔·萨奥特·巴贝特·迪·瓜迪亚（Christelle Saout Babette Di Guardia）自始至终的帮助。我也不能忘记来自纳吉·哈布拉（Naji Habra）、劳伦特·舒马赫（Laurent Schumacher）、劳伦斯·亨努伊（Laurence Hennuy）、克莱尔·洛贝特（Claire Lobet）、伊莎贝尔·戴尔曼（Isabelle Daelman）和本杰明·鲁昆（Benjamin Lurquin）一直以来的支持。

我还要通过凯伦·法布里（Karen Fabbri）、朱塞佩·博萨利诺（Giuseppe Borsalino）和伊西多罗斯·卡拉察（Isidoros Karatzas）感谢欧盟委员会，他们和我一样，都对伦理学有着特殊的热情。

在那些渴望倾听和帮助我的人当中，我不能忘记弗朗西斯科·多梅尼奇（Francesco Domenici）、塔基斯·茨韦列科斯（Takis Tzevelecos）、亚历山大·吉拉德（Alexandre Girard）和奥利维尔·休伯特（Olivier Hubert）。

最后，这部书没有我的伴侣克里斯蒂娜（Christina）的关心、文字上的帮助与爱的支持是不可能完成的。

目　录

导　言

伦理······仍然是没能解决的，需要我们进行思考的问题。
——［法］科斯塔斯·阿克斯勒（Kostas Axelos）

负责任研究与创新（Responsible Research and Innovation, RRI）这个概念，将科技与经济发展、社会需要结合起来，因此在未来的欧洲有着广阔的发展前景。负责任研究与创新的目的不仅仅是构建一个制度框架，同时也是为了增加欧洲人民生活福利在治理实践方面的拓展。然而，在如此宽泛的概念所揭示的各种实际问题和多元化的理论观念面前，应该如何理解上述任务尚不确切。

如果说，一方面责任是一个含糊不清的词，为不同和有时互相矛盾的解释铺平了道路，那么，另一方面，研究和创新似乎成了这样的律令：只能致力于技术规制并且需要尽可能多的自由。因此，RRI 似乎是一种嵌入矛盾观点的容器，其解决方案至少是令人困惑的。

注：获得这些成果的研究受欧盟共同体第七框架方案（FPT/2007–2013）授权项目（GREAT）支持，项目编号：（FPT–SCIENCE–SOCIETY–2012–1）。

如果很难给出一个 RRI 应该是什么的客观的、一致认同的概念，那么依照惯例，将 RRI 作为验证和扩展当代政策合理性的工具则是可能的，也是应该的。

即便如此，将 RRI 作为政策评估工具的说法距离其本质也相去甚远。

科学和社会的关系是 RRI 更为根本的问题所在，科学发展和社会需求的冲突并不是什么新问题，事实上，在过去几十年，这一问题一直以不同的形式存在着。

科学发展和社会需求冲突所产生的不同问题中，我们至少可以确定按照特定逻辑试图来解决这些问题的两个学科领域，然而，它们共同的方法论都是一种旨在调节争论的外部性工具。

首先，是我们对科学知识是中立和客观的又一种认知信任。根据这一观点，研究和创新所产生的问题是由于某种形式的无知，通过科学教育可以很容易得到克服。如果采用了有效的方法，创新的结果或一般来说研究的结果可以被预先确定。此外，所有关涉安全的问题，从广义上讲，都将受到科学家和企业家都必须遵守的法律和法规的保护。

然而，这种观点似乎无法解决被称为认知冲突的问题［VON 93］。事实证明，关于技术成果的未来的科学观点是相互冲突的，同时，我们也无法通过认识手段来突破这种认知混乱。进一步说，技术成果特别是创新成果具有很强的社会目标性，这意味着，这些成果将被应用或者被使用在不局限于研究实验室的环境中。如此，科学的"客观性"就有可能被政策的制定者，或者特殊主体，基于个人原因或理由加以利用［VON 93，PES 03］。

试图解决这个问题的第二种方法是建立在道德层面上的。事实上，这里提出的解决办法不是一条科学的道路，而是一条道德道路。如果研究和创新有一个社会的影响，并且从认识上来说，我们不能达到一个共同的观点，那么我们需要找到其他的方式评估可能的结果。在这里，建议的解决方案是假设一个道德准绳，可以在推动过程中决定什么是好的，什么是坏的。然而，这种方法会产生两类问题：第一种问题是，道德观不是单一的，而且大部分时间对于一般意义上的科学而言，甚至是不稳定的。道德虽然具有相同的句法意义，但却有几种不同的语义理解。多个视角产生的道德冲突甚至比认知的冲突更为强烈。因此，作出决策所依据的标准需要在所有有关主体都可能同意的外部参考中去找。这种标准常常在诉诸理性和建立相应程序时确定。如果相关的代理人按照一套合理的道德规范来思考和决策，那么结果应该是稳定的和共享的。现有的几种不同的方法，基本上都是建立在康德的实践理性批判［KAN 97］基础之上的。这一方案的一大优点是寻找外部参考，以便就棘手的问题达成协议。然而，这种观点并不一定成功。第二个问题，实际上是在道德层面上产生的，如果它被用来当作解决问题的纯理性程序，我们可能会得到一个结论，但同时我们可能会失去使所有参与者都认同的真正"协议"。参考理性正是通过考虑主观性的客观方面，从主观的角度来推断的。换句话说，理性被假定为具有双重性质，存在于每一个对象中，但不是基于具体和相对的方面。以这种方式思考，争论就转向了纯粹的客观方面。然而，这种对"他者"的必然的"盲目性"，会使个人说离理性所确立的结果。研究和创新扩大了这种可能性，因为它们的结果可能会对人们的生活产生强烈的影响。就如同哈根斯（Gunther）［GUN 98］、费尔［FER 02］和其他很多人所展现的那样，规范的正当性和它的应用之间有着巨大的差距。类似于嵌入在话语理论中［HAB 98］的视角，道德理性视角的优势在于，将决策过程中起作用的非理性以及非理性要素进行抽象。然而，这种抽象也表明了它本身具有深层次的局限性。

这些方法的最大优势在于能够把先验参照作为制定和谐规范以及规则的工具。在我看来，这些方法的错误在于把这个先验参照指定为本体论存在，而它在现实中却无法承担这一角色。换言之，理性可以而且应该被用来作为解决社会问题的工具，但前提是要假定它包含了所有价值观、欲望和利益。然后，我们就促成了一种"短路"状态。人们依据理性以合理的方式实现自己的生活愿望，但这并不意味着他们的生活被理性耗尽。这里的逻辑错误产生于这样一个事实：理性是实现目标的唯一参照。换句话说，如果把理性作为我们的目标，而不仅仅是作为一种定义我们目标的工具，那么所有出自理性的东西都不能被接受［FER 02，WILa 84，LEN 03，HON 91，HON 14a］。

如果诉诸理性产生了一些理论上和实践上的困难，仍然需要找到一个外部参照来进行辩论。即使作为先验价值的理性无法成为这个参照，我们也不应该因噎废食。如果理性本身不能成为辩论的目的，那么它就可以而且必须成为人们为了克服社会冲突而产生目标、欲望和偏好的工具。

然而，我们依然面临一个参照的问题，通过它我们希望找到一个针对多种视角的通用的解决办法。

在我个人看来，我们的科技创新研究已经开始受到公众普遍怀疑的原因，是因为在某一点上，它被认为和理解为对个人自由的威胁。我相信所有的否定态度的真正含义，都是或明或暗地提到保证个人自由的必要性。

我认为这在两个不同但相关的层面上是正确的。

第一个层面上所有成果都与人类的健康与安全有关，这个层面上的负面结果将会危及人的生命或者最终决定人们如何生活。第二个层面的成果是指那些可识别的产品和工艺，它们将预先确定人们如何展开自己的私人交往；这种情形，我们很容易从个人隐私的事例找到。这两个层面都极具争议性。

第二个层面指的是一种对个人自由的可感知的威胁，同时也涉及决定人们自由的治理方法的实施。在这个阶段，反对派提出了关于代理人被赋予决定其未来的自由的问题。换句话说，关于如何实现人们生活的决定没有考虑到人们自己。

我认为，这两个层面是紧密相连的，它们在研究和创新出现时就产生了，而且直到今天仍然是一个普遍关注的问题。

如果我们再考虑上面提到的理由，这个观点也可以被认为是正确的。为了使某些产品或工艺被接受，仅仅从理性的合理性方面加以确证是不够的。因为它们可能对自由构成威胁，并且会影响到诸如价值观、欲望、兴趣等人们生活的基本方面。

这种对自由的强烈渴望使我们有可能用自由取代康德留给我们理性的本体论地位。我相信自由可以作为评判产品或工艺是不是"善的"的标准。自由之所以能够充当这样的角色是缘于它的双重属性。一方面，自由是我们每个人都不愿放弃的先验性参照（从逻辑上说，放弃它已经意味着是自由的选择）；另一方面，确定这种自由的内容及其表述的方式不能通过客观的方法决定。除了可能性的必要条件，即自由的、更激进的可能性本身，即存在的必然性之外，一切内容只能以个体的、内在的方式来决定。因此，我们可以理解这种双重性质和它在我们生活中所起的根本作用。这是一个在先验层面是必然的，而在表达方面是偶然的概念。

为了能够找到一条引导我们摆脱这种棘手局面的道路，我们需要依赖自由在这件事情上的重要性。因此，为了展开科学与社会关系的评估，我将这个假设即为调节这种关系而采取的任何措施都应该以自由为基础这样一个事实，作为我的理论基点。

由于问题是在以上两个层面上被确认的，潜在的解决方案也必然在这两个层面上发展。一方面，产品和工艺的发展需要保证自由的基本条件，这是它们存在的可能性。此外，这些产品无论是从定量方面还是从定性的方面，都应该成为设法实现自由表达的路径。另一方面，关于何种产品与工艺能够达到上述目的的决定，不应该在没有顾及相关者想法的情形下作出。

正如我们所看到的，RRI 的新框架基于两个主要因素。事实上，它试图回应促进研究和创新的必要性，但是要以负责任的方式来做到这一点。如果我们用自由来思考，似乎嵌入在这个框架中的悖论可以很容易地被克服。

在研究和创新方面，所需要的是促进具体研究探索的自由。为了研究本身的自由，需要让研究保持自由。研究者想要开发出无法预料的新奇事物，以市场为导向的创新［SCH 34a］则关注于自由在其他方面的可能性，比如，物质需求，尽管在研究与创新过程中所涉及的自由种类各异，但自由是不可或缺的这一点是不能否认的。

责任也一样。它涉及不同的解释，但其所有解释的共同参照始终是以相应的自由为前提〔VIN 12〕。责任基于对自由的否定性理解，以及以一种更加存在主义的态度去关心存在本身。但是，即使我们对责任的含义有不同的理解，自由始终是每一种责任的目标和主要依据。

此外，责任是对我们需要确保的自由的一种回应。

就如同在上面我们提到的，自由问题是在两个层面上展开的一样，责任问题也同样在两个层面存在。

如果我们对某事或某人的自由负有责任是真实的，那么只有建立在我们也拥有放弃这种责任的自由基础上，责任才是可能的也是真实的，换句话说，只有拥有选择的自由，我们才有可能承担和履行责任。即便是在最严格的法律层面，要求一个没有自由的人去承担责任也毫无意义〔HAR 08〕。

因此，我们需要确保致力于研究和创新发展的代理人的自由，以便他们能够负责任地行动。然而，这只能在制度层面上得到保证。说到研究和创新，我们不能假装自由和责任是个人的事情。尽管对于实现负责任研究和创新实践个人的贡献是至关重要的，但是这种努力只能在代理人能够并且允许自由选择的机制条件下才能实现。无疑，这里指的是诸如建构可能的监管框架等直接的措施，但也涉及一种制度应该担负的教育和促进作用。

一方面，我们扮演教育者的角色是为了让代理人能互相学习。另一方面，我们促进了各代理人之间稳定的对抗做法，以发展对彼此自由的相互意识。这样也会产生一种额外的效果，即揭示了我们欧洲社会必要的关联与互补性。

虽然不同的社会领域说着不同的语言，但他们都相互依存并拥有相同的自由价值框架。因此，他们共同的目标将会通过一种持续不断的，目的在于协调彼此语言的辩证联系中揭示出来。

如果我们要在伦理意义上发展一种负责任研究和创新的形式，那么这个制度层面是至关重要的。事实上，为了避免使具体的不道德的政治理性合法化［EWA 86］，从而将这种责任归结为一种修辞性的话语，就需要在制度情境中将其置于互补的视角。只有这样，我们才能保护责任以及有可能被扭曲了和被操纵的自由。

我相信 RRI 包含了所有这些方面，它是一个基于对伦理需求的具体认识的框架。RRI 是一种伦理框架，它基于我们要对未来所呼唤的自由作出回应的需要，但这需要我们今天为之作出努力。

我们无法预测在未来"自由"一词的具体意义。我们只知道，为了保证现在的自由，我们必须确保一定的基本条件。但是，这些关于自由和责任的表达只能在历史的语境中，我们的任务是能够回应所有新的自由和自由本身的可能性，这是对自由本质的回应，也是自由本身。

正如欧文等人精辟地界定的那样，责任以及与之相关的自由，必须根据社会发展来检验和塑造："责任是一种社会归属，随着时间的推移而发生变化和演变，它部分地反映了社会变化的本质与规范。我们认为，现在我们对科学和创新背景下的责任的看法，会因为创新发生的现代背景而产生必要的改变。这就要求重新划定责任轮廓，包括但不限于循证监管，并建立科学责任行为守则"［OWE 13，p. 30］。

第一章　负责任研究与创新：
　　　　旧争论的新框架

　　世界经济和政治与发展，不仅致使不同地区和国家之间的力量对比发生了变化，从而改变了这两个领域的边界，也彻底改变了有关进步的整个观念，迫使人们不能再只依据专属功能或经济标准来调整计划。

　　一方面，我们发现物质增长的必要性要求寻找替代路径以保证经济发展。另一方面，传统的政策合法化形式似乎已不能积极应对社会日益增长的对未来的担忧和诉求。

　　出于资源的短缺性和在全球范围内无法实现共享共用的纯粹的物质原因，欧盟必须重新调整、扩大和区分其行动范围，从遵循福特主义单纯物质产品生产的原则转向创造更复杂的知识，以更好地响应后福特时代的动态发展。通过对资本、生产和市场［PIK 14，STR 14］之间关系的分析，我们可以发现，现在欧洲经济的发展与知识生产密切相关，而不是对原材料的开发利用。从这个意义上说，知识才是旨在取得经济进步的核心经济战略。因此，增加旨在释放负责任研究和创新（R&I）内在潜力的措施，并特别关注中小型企业（SME）是根本，因为它们更有可能产生灵活的解决方案。

因其在实际应用中更灵活，能够用很少的投资产生更高的利润，研发与创新（R&Is）被确定为应对全球资本主义重心转移的主要措施。

更确切地说，以熊彼特模式为基础的创新，具体回应了如何在欧洲现有条件下避免采取集约化资源开发的方式而达到资源有效利用的要求。正如我们所知，熊彼特基于企业家的直觉能力和将现有因素的新组合引入市场的能力，提出了一个非循环的动态经济模型［SCH 34a］。熊彼特认为，经济发展"主要是对现有资源的不同利用，用它们做新的事情，而不考虑这些资源是否增加了"。熊彼特的创新包括三个主要方面："自发的改变"，"动态理论装置"以及其中所体现的"企业家"的形象［SCH 34，p.81］。企业家必须根据新颖性行事，他们会对未来的形势加以预测。但熊彼特认为，真正预测经济发展的效果是不可能做到的，"即使进行了紧张的前期工作，我们也不能完全掌握计划的所有结果和影响，根据当前已定的环境和现状，处理不受限制的手段和时间，这本就会带来诸多无法克服的困难，也就造成了预测的不可能性"［SCH 34a，p.83］。因此，企业家出于直觉，会将"方法论""产品""市场""资源""重组"等进行混合以及跨领域转换等操作。相应地，企业家将根据直觉，对"方法""产品""市场""供应源""重组"进行洗牌以及跨领域转换［SCH 34a，p. 68］。考虑到人类中普遍存在的习惯性行为倾向，创新只会作为企业家伟大自由的一种表现而发生。我们还需要注意熊彼特强调的发明和创新之间的明显区别，后者代表了以满足需求为目的的发明的商业化。"除非这些发明在实践中被采用，否则从经济的角度来看，它们是无关紧要的。实现改进和发明它是不同的任务"［SCH 34a，p. 86］。

熊彼特理念是基于这样一种领导，即能够根据消费者的想象力和重组能力来改变调整他们的偏好。因此，不难理解这一理念与为维持和发展经济而设想的"创新"概念的重要性之间的联系，特别是在危机时期。

然而，这个模型很快就被自身证明是失败的。由于促进社会和物质进步本身需要具有高度创新性的经济战略，为了在研究和创新领域取得成果，创造性、想象力和灵活性已成为关键字［HON10，p.78–103］。

简而言之，如果熊彼特所说的创新是针对产品和过程的变化的创新，那么它可以被定义为"创新范式"［GOD 07］的变化，也就是创新本身的创新①。

然而，生产形式、信息获取方式以及政治参与方式的发展和变化，已经对社会观念产生了实质性的影响，人们认识到，衡量一个社会的进步不能仅仅依靠单独的经济体系而忽略或分离其他因素。纳米技术、转基因生物技术（GMOs）和其他被认为具有破坏性的技术创新的例子由于其尚不可知的后果和风险，已经引起了相当多的公众抗议。这种负面的公众情绪不仅来源于这些技术产品在市场上的流通，更与这些产品在商业化的过程中将道德和伦理评估排除在外有关。这些事件以及社会与制度之间关系的变化也使规范科学与社会之间的治理形式发生了根本变化。由于其巨大的社会影响，必须将熊彼特式创新的主要目标即需求的满

———————————

① 对创新概念进行广泛和准确的研究请参照［GOD 07］和［LEE 13］。

足性用其他术语来表达。我们不能狭隘地理解进步，从而创新只能用于促进生产，推动技术或经济发展，而割裂了社会其他方面。

除了上述趋势外，在政治领域也有一些进展，对信息和知识获取量的增加以及新的民主协商形式正在逐渐取代传统教条式的决策过程〔REB 05，ROS 08，REB 05，GOF 09〕。

正如我们所说，要融入新兴的全球竞争，就必须加快创新进程，与此同时也要加强引导、规范和鼓励。因此，在这一过程中，必须设置必要的标准和参数，以评估研究和创新的质量。

在欧洲，已经通过引入负责任的研究和创新（RRI）框架，明确了制定责任标准的目标，以便满足有关创新过程的正确功能及其伦理和政治合法性的需要。一方面，我们需要提高 R&I 作为发展经济工具的效力，另一方面，我们必须保证 R&I 指导社会及其需求、价值和规范的合法性。从逻辑的角度来看，有效性趋向于一种措施的实际应用，是否合法取决于采取某些措施的理论上的正当性。从道德的角度来看，我们不清楚我们可以采取什么样的立场来发展一个合法的 R&I 过程。此外，有关责任含义的诸多解释之间的联系并不是十分清晰。在伦理角度上，由于社会不同领域都有其不可忽视的重要性，所以对社会不同领域之间关系的建构也不十分明晰。最后，即使在政治方面，合法性和有效性似乎也是决策过程中难以调和的两个关键要素。我们可以再次强调，实行民主辩证法的新进程正在蓬勃发展。

作为这种尝试的结果，我们正在见证进步概念的重新定义，它将尽力平衡物质和文化方面的自由与平等之间的关系。

由于这些不同性质但都与进步有关的原因，欧盟正在制定一个有关进步的新框架，以便能够在逻辑上合理处理合法性和效力这一双重必要性的关系。RRI 的概念是在当代科学、技术、经济与社会的衔接中产生的。技术和一般研究的日益复杂性促使我们寻找新的综合方式来指导科学创新。为了找到可能有助于在其各个组成部分以及整体上定义 RRI 的标准，我们需要尝试了解其不同方面。合法性和有效性的双重标准要求制定一项能够考虑到所有理论和实践方面的困难的概念提案。在本章，我们将对 RRI 的不同释义做一个简短的回顾。

首先，我们需要了解其框架的演变，RRI 框架并不是最新出现的事物，而是基于欧洲之前 40 年对此问题的研究积累，了解 RRI 框架演变将有助于我们了解多年来出现的困难和解决办法。如果问题从概念的角度来看非常清楚，那么解决方案或者可能的解决方案就嵌入在政治演变本身中。一个简短的回顾和对后者的分析也许可以指明我们要走的道路。

其次，必须掌握过去为解决在类似事件中出现的问题而提出的概念性建议，并由此，得出有关 RRI 框架的当前发展建议。RRI 是一个新的发展概念，在过去的大多数解释中都试图定义 RRI 应该是什么而不是什么，趋向于说明性而非描述性。我们将根据合法性和有效性两个标准来分析这些理论及其基础上的范式，以便能够了解哪些方面可能对我们解决棘手问题有帮助，哪些方面没有帮助。在本章的最后，我们将分析这样一个框架存在的问题、面临的挑战以及机遇。

我们已经暗示了 RRI 在应对经济挑战以及由此带来的社会问题等方面的独特性。在这些动态的基础上进行社会重塑需要创新型的努力。

然而，如何处理科学与社会之间的关系远不是一个崭新的问题，而是在寻求二者平衡的解决方案的道路上经常磕磕绊绊。不同视角之间的关系，对进步解释的差异，以及规范之间的复杂关系，所有这些问题的应用和证明，都是一些作者在过去两个世纪中试图解决的问题［GUN 98，FER 02，HAB 70，HAB 72，BEC 92，JON 79］。

直到 20 世纪 70 年代，公众仍然信任，甚至在一定程度上对科学充满热情："在 20 世纪 60 年代，第二次世界大战所造成的阴影正在消退，人们对技术普遍持乐观态度，避孕药、电视、时尚以及更多的娱乐和休闲活动正在改变整个阶级系统的社会关系。1963 年，工党首相哈罗德·威尔逊（Harold Wilson）的著名演讲热情洋溢地谈道，'英国将会投身到科学与科技革命的白热（化）中，而过时落伍的工业制度和运作方法则会被淘汰'"［SYK 13］。

然而，由于强调风险的观念化的扩散以及消极的历史发展，科学与社会的关系已经恶化。在 20 世纪 60 年代之前，不仅仅是哲学［CAR 62］对技术的滥用［HEI 08，HOR 02，HUS 70］有所批判，很多批判的声音都已经出现。然而，这种类型的批判存在一个特点，那就是仍然停留在韦伯的二分法中，根据韦伯的二分法，技术理性和工具理性之间存在着不可逾越的界限。这样，在整个 20 世纪根据形式在不同领域发展的这个概念，导致了重新思考这两种趋势之间关系的必要性。

在 20 世纪 60 年代，由于意识形态与工具性知识的叠加，这种二分法变得更加激进。在这一点上，知识和科学不再仅仅是由必要的发展而带动兴起的学科，也成为一种提升价值或表达权力的意识形态工具（福柯，哈贝马斯）。在这十年中暴露出来的意识形态与知识之间的反常关系将导致各个学科领域中对此观点的批判。尝试从哲学的观点 [ARE 05，JON 79，HAB 68] 和社会学的观点 [PAR 91，BEC 92]，试图弥合技术理性和工具理性关系的断裂，或至少引起人们对这种不合理的二分观点的关注，必须从这个角度来解读。著名的谚语"知识就是力量，力量就是知识"，这里的"知识"总是以兴趣为前提，比起无政府主义的批判，该问题不仅提供了更多的启示，还总结了几年后将转变为旨在重新定义整个制度化情境的具体措施。

这些概念化研究实质上表明了公共参与的倡议以及反思性实践有所增加，并逐渐引导了发展方向。从对康德合法性标准进行主体间和交流的重新定义后，这些理论在制定旨在将科学纳入社会框架的倡议和实践中起着决定性作用。

在我看来，在近十年里一系列以评估技术的影响和后果为重点的政策咨询活动的产生，并不是偶然的。

正如赛克斯（Sikes）和麦克纳顿（Macnaghten）报道的那样："一个关键的影响是从 20 世纪 70 年代在美国和欧洲出现的技术评估（TA）组织的发展。这些组织通常与立法机构合作，目的是向美国国会和议会提供权威信息，方便决策，并为未来的技术灾难提供早期预警。技术评估（TA）的范式反映了一种模式，该模式假定技术'问题'与技术治理中缺乏民主（和技术）投入有关，这可以通过在技术评估早期阶段向民选代表提供权威信息来解决 [VAN 97c]。因此，技术评估办公室（OTA）于 1972 年由国会成立，以提供关于技术的二次效应的信息。十年后，1983 年在法国设立了技术评估议会办公室。丹麦、荷兰和欧洲议会于 1986 年设立了技术评估（TA）办公室，英国和德国也在 1989 年相继成立了技术评估（TA）办公室。值得注意的是，每个机构都有自己独特的评估模式。美国技术评估办公室是一种将专家分析和利益相关者观点相互结合的模式，涉及众多专家和有关组织以及利益相关者团体的代表，作为反对偏见或'技术官僚'的指控（尤其是在下定义方面）的手段。由于类似原因，这种将议会技术援助视为专家政策分析的一种形式的利益相关者模型也是欧洲技术评估的一个不可或缺的组成部分"［SYK 13，p.87］。

第一个例子是成立于美国并迅速扩展到欧洲的技术评估。"在第一阶段，技术被认为遵循其自身的动力学"［GRU 11，BIM 96］，因此技术评估（TA）只具有预警功能，以便能使政策制定者采取措施，例如，弥补或预防技术的预期负面影响［GRU 11］。然而，这种最初的认识在几年后扩展到了对价值和社会需求的考量［GRU 11，BIJ 87，BIJ 94］。技术评估方法已经发展到将参与性方法结合进来，进而以更民主的方式来发展技术，从而允许所有利益攸关方讨论他们的道德评估标准（道德直觉、原则、规范和价值观），以至于能够影响技术发展。

特别是，建构性技术评估（CTA）和参与式技术评估（PTA）引入了其他动机，扩大了评估技术与社会关系的范围和意义。根据格伦瓦尔德（Grunwald）的说法，这些因素在参与式技术评估领域中已经体现为"让公民、消费者和用户、民间社会行为者、利益相关方、媒体和公众在技术治理的不同阶段发挥不同作用的方法"［GRU 11］。事实上，参与不仅被视为消除任何怀疑或质疑的合法化手段，而且也被视为改进技术本身的途径。

与此同时，建设性评估更多地集中于通过增加"技术开发和工程中解决具体产品、系统和服务水平的反身性"来塑造技术的理念［GRU 11，RIP 15a］。

技术评估、建构性技术评估和参与性技术评估涉及的程序比简单风险评估中使用的程序复杂得多。简单风险评估［LEE 13］完全专注于风险的数学计算或致力于改变风险的感知。综合各种观点来看，这种方法显然是不足的，并且没能回应包容性、反思性和开放性的社会要求。"这种作为监管控制基础的传统风险评估方法从根本上看是有限的。国际风险治理理事会［IRG 09］通过多个案例研究有效地总结了风险管理中的十个缺陷，包括收集和解释有关风险和风险感知的知识方面的困难、有争议或潜在的偏见或主观知识以及与系统相关的知识缺陷及其复杂性。风险评估中给出的结果通常取决于分析的框架——不仅是'什么'影响了框架的建构，更重要的是'谁'"［HAR 01b，JAS 90，STI 08，WYN 87］。

然而，技术评估的积极特征不能阻止我们在更深刻的层面上分析它的本质。在我看来，从某种意义上来说，技术评估的特点在于它将一种外部判断归因于技术本身［GRU 09，GRU 11］。但是，对技术的理解在很大程度上被固定于其必要性和工具性的观点中，而与社会层面脱离。换句话说，技术继续被认为是一种技术发展的流动，我们可以表达外部意见。或许，我们甚至可以渴望封锁科技。这样，我们说对技术的干预是政治性而不是科学性也就不足为奇了。"虽然早期技术评估的形式试图平衡新技术引入的积极和消极影响，但这种平衡行为更多地被视为是政府的责任、政治过程，而不是科学过程"［FIS 13］。

正如已经指出的［GRU 11，VAN 12b］，重要的是将现实因素融入技术与社会关系的基本组成部分。事实上，如果这些干预措施完全放在政治背景下，往往存在这样一种风险，即如何说明这些出于偶然因素而不是必然因素所作出的干预评估是必要的。这通常意味着在技术已经存在或处于高级阶段时才进行此类评估。

想象一下，在技术问题已经产生的情况下我们能怎么办，这就像行驶在黑暗道路上的没有前灯的车辆，可能遇到各种危险。这也意味着在必要的情况下修改技术可能为时已晚，而功能组件有助于检测此类框架的弱点。

似乎仍然缺少的是一个明确的规范性参考，能够解决诸如由认知冲突引起的问题 [VON 93]。诚然，技术评估试图以一种全面和补充的方式衡量技术风险，但正如格伦沃尔德指出的，在某些领域，这种评估必须得到明确定义的规范结构的支持。例如，格伦瓦尔德引用的关于人类增强技术的例子 [GRU 15] 清楚地表明，在技术和社会之间达成平衡有时是困难甚至是无法做到的，因为这些技术的发展暂不能说明其发展方向。根据假设视角，同样的发展可以持续或受阻 [GRU 09，DEW 54，DEW 01]，而风险总是在于那些更强的视角会胜出。正如冯·尚伯格指出的那样，科学的权威在过去十年逐渐丧失，这使政治精英们无法根据技术标准作出决定。社会长期以来注视着的科学家的神圣光环已经在不和谐的交流和戏剧性事件的扩散中逐渐消失了。

然而，我认为我们必须考虑到一个更具决定性的方面。逐渐明确的是，如果一个中立的、技术性的判断看起来是乌托邦，那么我们进行评估所依据的标准就必须是外部的。因此，在必然情况下，在风险百分比增加的情况下，会产生一种外部判断，这意味着技术和社会之间存在一种双重关系。这种二元性既是困难的来源，也是错误的根源。

最重要的是，必须了解哪些标准可以用来判断技术，以及在必要时如何化解技术发展与社会发展的矛盾冲突。一项技术可以在没有任何警钟及时敲响的情况下发展。由于某种原因，一项技术被认为是好的或中性的，并因此受到争议，这是新近才发生的，多种观点认为这是危险的。[①] 在我看来，有关社会和技术的二分法观点是错误的，其原因如下：如果技术孤立地遵循其自身的逻辑，那么使我们能够理解它的标准是什么？需要谁来作出判断？对技术风险和发展的评估就只依靠技术专家而将普罗大众排除在外［SYK 13］。正如阿恩斯坦（Arnstein）［ARN 69］和冯（Fung）［FUN 06，FUN 12］所指出，参与性技术评估过程并没有将关注的重点放在社会的贡献上，而是更加注重参与过程的合法化进程。在文章的后面，我将更详细地对此进行解读。依靠技术专家的决定性影响的参与方法不仅让人们对技术评估的参与过程有了更多的反思，而且还为技术官僚体制下技术的发展创造了可能性［HAB 70，HAB 72，JON 79，BEC 92，GIA 15］。通过采用逻辑手段或技术预测方案而出现的科学与社会之间分离的棘手问题使我们陷入了对此问题更为深入的思考。

这种政治和认识论范式的演变实际上倾向于用理性主义的判断标准衡量问题，从而忽略了社会认识的主观和情感色彩。这种概念框架在一定程度上倾向于在合法性和可接受性之间取得平衡，而不考虑技术的有效性或公众接受性。也就是说，评估技术

---

① 参见转基因生物技术（GMOs），身体扫描仪和EPRS的一些例子［VON 13］，或发生在荷兰的其他事例［VAN 13a，pp.75–76］。

的理性主义形式并不能保证技术本身的安全应用［ROS 08，HON 14a，FER 02，GUN 98，RIC 07］。

相信技术和社会是由不同动力驱动的观点的前提是承认社会不是按照技术的要求发展的，而且技术本身是不负荷价值的。这种观点来源于马克斯·韦伯著作中的社会学解释，他认为现代性是世界和生活合理化的历史现象。韦伯区分了终极理性（Zweck-rationalitt）和价值理性（Wertrationalitt），工具理性属于第一类理性［KAL 80］。世界和生活的合理化是一个历史过程，在这个过程中，工具理性，即有效手段理性，越来越多地被运用到现代社会中。现代化进程是加强以实验科学、市场经济、官僚国家和成文法兴起为特征的现代社会历史发展的一个关键因素。

对于这种观点是否符合现实，我也持怀疑态度。"没有一种技术永远是价值中立的"［VAN 12a］。"无论这是不是技术发展的本意，一个特定的技术应用或技术服务总是蕴含着牺牲一部分人的利益来换取另一部分人对美好生活的满足的可能性"［VAN 13a，p.76］。在我看来，每项技术都是一种或多种价值的表达，忽略这一事实就意味着无法真正理解技术的作用和力量［DUR 97，PAR 91，PAR 12，MAU 00，HAB 72］。从功能的角度来看，这种观点无疑增加了技术开发的困难。因为基于这样的观点，技术开发便不仅有不产生利润的风险，甚至在实践中还会招致严重的损失。据布罗伊蒂加姆（Bräutigam）报道，诺基亚的一位高级经理表示："通常情况下，与设计阶段相比，当服务处于运营阶段时，纠正措施的成本要高出 1000 倍。"［BRA 12b］转引自［VON 13，p.67］。

从伦理的角度来看，这种观念不能决定任何共同的进步。相反，技术发展风险恰合在于，技术的开发是为了个别群体的利益〔HAB 70〕。

同时，为完善技术评估（TA）这样一个庞大而广泛的框架，而减缓目前的衰落以及减少一些具体的内容，意味着在这段时期没有在其发展和改善的方向上作出巨大的努力〔FIS 13〕。从某种意义上说，即使是参与性技术评估（PTA），也提出了在此过程中设置有关效率问题的规范（即为进行正确的更改建立适当的条件）。然而，参与性技术评估与程序主义模式没有什么不同，根据这种模式，共享、中立基础上的合法性保证将促进大众对相关技术的接受。

这些方法所提出的概念都与哈贝马斯提出的类似。对于哈贝马斯来说，"交往伦理"基于两个原则〔HAB 98〕：

原则 U〔普遍化〕："所有受影响的人都可以接受普遍遵守规则所带来的后果和副作用，这些后果和副作用可以使每个人的利益都得到满足，并且由遵守规范带来的结果优于已知的其他可能的监管方式"。

原则 D〔讨论〕："只有那些符合（或可以符合）实际讨论参与者（参与者必须是受影响的人）的准许的规范才能声称有效"。

正如拉威尔（Lavelle）报道的那样："哈贝马斯认为，在理想情况下，要想让伦理观点发挥作用就需要一个没有任何强迫形式的理性讨论。讨论应围绕新出现的规范进行，并且所有参与者在明晰该规范应用的所有后果时仍愿意接受。然而，哈贝马斯声称，他将这一进程视为对道德观的重构，并试图区分对特定道德理论的实质性偏见。但是，从伦理民主的角度来看，什么样的人才能作为参与讨论的人，这才是关键问题，因为这些参与讨论的人的决策最终仍会影响那些没能参与到讨论的人。在实际中也确实存在这样的问题，那就是在没有真正适合的参与人时，由于一些诸如时间、技能或者意愿等原因，一些并不符合条件的人却以道德专家的身份参与进讨论"［LAV 13］。

参与模式的不断增加，经常遇到两个问题。一是没能确定参与的具体方式，不断随机尝试各种参与方式；二是在哈贝马斯模型中就提到的在接受协商结果时产生的过度排斥或盲目信任。同时，过度参与可能导致效率低下，无法以务实的方式作出决定。

"技术评估和参与式技术评估包括不同的方法，例如建构性技术评估（CTA）、实时技术评估（RTA）、价值敏感评估、风险评估、预防原则、新兴科技方法（NEST）。技术评估方法基于影响评估、预测、情景分析或共识会议，可涉及大约50种不同的机制。各有其优点，我们将重点介绍这些方法所遇到的不同问题。

首先，涉及'行为者的能力'（特别是普通公民）。

其次，沟通障碍：

（1）寻找了解和面对公众多样性的过程方法；

（2）作为专家有足够的技能将复杂的知识融入跨学科领域；

（3）比较公民和专家选择中立性或多元性的内因。第三个问题与参与群体内部的限制有关，因为不可能包括所有利益相关者。"［REB 13，p.7］

企业社会责任（CSR）是在产品和流程的开发过程中一直发

挥着重要作用的另一个框架。由于其作用主要集中在经济方面，因此，它的作用不仅限于评估技术，而是通常考虑创新，但出于我们分析的目的，其概念也非常有趣。与技术评估的不同之处在于，技术评估融入了价值的观点，并且从企业社会责任不断扩展的进步角度来看，企业社会责任代表了通往 RRI 的道路的转折点，因为它不太考虑问题的形式的、客观的方面，而是实质的、主观的方面。

企业社会责任基于这样的思想，即私营公司不仅应考虑股东利益，还应考虑其利益相关者［即员工、客户、供应商、当地社区、潜在受害者以及监管者、非政府组织（NGOs）的利益、公民社会组织（CSOs）或"公众"］。因此，私营公司需要遵守国家或国际法律法规以及道德规范 ①。

正如哈维尔·帕维（Xavier Pavie）［PAV 14］指出的那样，CSR 的概念起源可以追溯到新教对资本主义施加的道德压力。托管权和管理权是"基于财产的原则"探索公司与社会之间关系的两个概念，二者绝不是绝对的无条件的权利，只有当这些商品的私人管理可以增加共同体福祉时，托管权和管理权才被认为是合理的［PAV 14］。他们的理论远非局限于哲学家的抽象理论，而是得到了亨利·福特（Henry Ford）、阿尔弗雷德·斯隆（Alfred Sloan）和托马斯·爱迪生（Thomas Edison）等人的支持和应用。但是，直到 1953 年霍华德·鲍恩（Howard Bowen）出版了他的《商人责任》（Responsibility of a Businessman）之后，我们才第一次发现了企业社会责任的概念。"两个原则构成了商人的社会责

---

① 关于企业社会责任的有趣贡献参见［GOM 07］。

任。第一个是社会契约：如果一个公司存在，那是因为社会接受了它，作为回报，公司的行为和方法必须尊重该社会制定的法律。第二个是道德：通过其影响力和决策权，一家公司必须具有与所处社会的价值观相一致的模范态度"［PAV 14，p.25］。

该规定的最终目标是将商人看作个体，而不是民主性质的制度框架的一部分。根据帕维的观点，这种观念将随着时间的推移有所改变，我们可以将企业社会责任分为四个不同阶段，在前两个阶段的企业社会责任中，规范性和社会性交融、消失，进而形成符合社会需求的规范性假设，并引入环境问题的关键点。对企业社会责任的理论和宗教基础的发展以及对利益相关者等问题的关注始于 20 世纪 80 年代，这种观念的转变有助于企业社会责任关注的问题在时间和空间上取得突破。一方面，时间维度倾向于考虑长期影响，例如与环境有关的影响。另一方面，空间维度的视角不仅是合作的，而且是全球的。企业社会责任发展的第四阶段不再与企业社会责任相等同，而是与宇宙、科学和宗教联系在一起。

因此，企业社会责任在其结构中体现了对于公司产品的社会影响方面的一系列关注。创新必须将具有道德性质的因素纳入考量，这些因素反映了公司运营所处环境的价值观。在我看来，企业社会责任的框架之所以与技术评估的框架不同，是因为它并不是创新之后再加以评估，而是将评估过程与创新过程合二为一。然后以公司的价值和规范性导向，引导研究和创新。帕维提供的示例很多，也显示了此方法的经济功能［PAV 14］。企业社会责任的宗教根源无疑为资本主义与社会之间关系的发展作出了重要贡献，资本主义精神的演变［BOL 07］有助于我们理解它所受到的批评的风险和意义。从哲学的角度来看，企业社会责任有时也被指责为后果主义，然而这与后果主义在预测创新的影响时遇到的所有限制背道而驰［GRU 07，GRU 11］。

格林鲍姆（Grinbaum）和格罗夫斯（Groves）［GRI 13］正是出于这个原因而批评后果主义方法。这个论点表明，民主代理人，无论是个人还是集体，都不可能控制并因此能够预测因果链中的任何事件[1]［WIL 84］。

一般而言，这被认为是"对知识和理性的过于乐观的看法"［REB 13］，它过分强调了行动的后果，而忽略了"充分的责任概念也会促使个人或组织采取道德行动，而不管后果如何"［REB 13］。

布莱恩·迈克尔（Bryane Michael）［MIC 03］表示，对企业社会责任的批判大致可以分为三类。新自由主义者认为这可能会扭曲公司的职能流程，另外两种观点认为企业社会责任框架的实践结果是由去政治化和随之而来的民主赤字所决定的。这种批判的声音坚持认为因为公司本身就是社会环境中的个体，所以怎么做是符合社会利益的标准不能由公司来制定。这就是说，相关标准应该由能够保证正确客观性水平的公正机构融合多元观点来界定。因此，要考虑哪些标准才会把应该共同处理的事情委托给这样一个具有公正性的单一机构是很难回答的。风险不仅是将一个特定的方面或价值强加于他人，而且还可能被掩藏在保证广泛参与的道德合法性的光环背后［BOL 07］。因此，社会和政治议程将由属于特定社会背景（即经济）的社会成员决定。

考虑到最近关于这个问题的许多分析，上述讨论似乎并不遥

---

[1] 正如我们将在第二章看到的。因果关系和机会之间的关系对于责任的标准是至关重要的。

远。此外，如果由单一实体私下管理和设计包容性机制，就不能不对其透明度和合法性产生怀疑。除了这些批判性理论，从严格的社会学角度来看，企业社会责任框架倾向于促进某一特定方面的价值或利益，但从社会多元性角度看，它又以某种方式削弱了这种利益，而社会多元性本身就可以形成一个伦理维度。换句话说，在我看来，企业社会责任倡导的是一种更加单一的道德观点，而不是一种考虑了所有可能出现的社会问题的伦理视角。因此，企业社会责任不能履行责任的多义性，因为它不能承担链接嵌入政治层面的不同语义领域的功能。因此，我不认为我们可以从严格意义上讲责任，而应该讨论在某些方面的更具体的对责任的理解。

但是，必须强调一个因素，因为它显示了 R&I 的二元方法的分裂。企业社会责任框架认为经济部门作为社会环境的有机组成部分，其发展也依据社会中的规范性。显然，规范性贡献的特殊性将根据"社会背景"而变化。就是说，如果一家公司占领全球市场，那么与规模有限的中小企业相比，基于社会价值的问题将更加抽象。

企业社会责任不仅是经济和道德两个伦理维度之间的桥梁，而且旨在说明技术和价值观、经济和道德领域作为同一社会背景的具体表现必须相互协调。如果无视这种社会关系，可能导致在考虑技术评估时已经注意到的两分法。然而，企业社会责任本身不能消除责任的多义性，因为它不能也不应该承担属于政治领域的协调职能。

因此，欧盟委员会本身支持这一观点并不是偶然的，它宣称企业社会责任（CSR）"对社会负责，不仅是要满足社会法律规范，而且可以在合理范围内超越既有规定在人力资本、环境和与利益相关者的关系研究上投资更多"[①]。

由于这些经验和局限性以及其他方法（仍被广泛使用）的潜力，欧盟委员会正在尝试建立一个包含所有这些经验教训的框架。该框架试图在民主程序基础上使研究和创新治理的道德层面有所发展。这就是说，通过采用各种机制和做法，可以极大地增加利益相关者从各种社会环境中的参与程度。这就意味着，开发一个能够综合考虑到实质性、主观性以及客观性结构的参考模型。

RRI 是一个从不同角度综合处理、分析和开发的主题框架。首先，我们要明确区分其中的概念、学术观点和严格的政治观点。一方面，不同的理论遵循不同的方法论方法，根据这一点我们可以进行区分，例如社会学［OWE 13］、政治学［RIP 13，JAC 14］、经济学［PAV 14，BLO 14］和哲学［VAN 12a，VAN 13，VAN 15，BOV 14］；另一方面，在政治层面、国家和社区层面都有相当多的活动。

根据欧洲科学评估的不同方法以及制定的框架，我们需要关注的是 RRI 是如何代表了已经在 1998 年就开始的技术监管过程的最后阶段的。

正如欧文（Owen）所说，虽然 RRI 本身在过去两年中才获得了知名度，但它是从欧盟和欧盟委员会（EC）政策背景下的早期论述演变而来的［OWE 13］。在"第五框架计划"（FP5）中，在 FP6 科学和社会计划中要求社会技术融合［OWE 13］时，

---

① 引自［PAV 14，p.31］。

首先逐步提出了目前列入 RRI 议程的利益相关者参与和社会接受问题，最后，在 FP7 的《社会科学框架》中，RRI 靠自己赢得了一席之地（110 亿欧元）[EUR 11b]。最后，随着名为地平线 2020（科学与 / 为社会）的新框架的出现，RRI 成为一个关键问题。我们将在第五章分析专家和决策者之间以协同的方式发展 RRI。

RRI 的跨领域功能已在不同层面上提高了其重要性和关注度。因此，鉴于它对欧洲未来研究的重要性，学术界已经明确地转向 RRI 来应对未来挑战。

我们还发现，在欧共体之前，在国家一级开展了一些 RRI 实例。例如，荷兰已于 2008 年开始引入 RRI 研究主题。虽然刺激方案在促进 RRI 的理解方面起到了重要作用，但在行动的深度和广度上还存在一定分歧。因此，基本的印象是荷兰有几个因素促进了社会科学的"形象"，而 RRI 则被降级并被拆分出来，只支持更重要的科学。从这个意义上讲，我们不应该希望找到一种综合的办法，而应该希望找到一种在最高政治级别作出的评估 ①。诚然，正如环境政策审查或其他案例所强调的那样，在发展创新时显然忽略了其具体方面，我们还应在根据社会观点塑造技术方面给予更多的关注 [VON 13，VAN 13a，p.75]。然而，荷兰科学研究组织（NWO）最近开始研究 RRI，目前的方案似乎指向一个包容和总体的观点。荷兰国内也正在采取许多其他并行措施，这些措施是由诸如拉特瑙（Rathenau）研究所之类的政治机构或诸如巴斯夫公司之类的私营公司推动的。简言之，RRI 在

---

① http://www.rritrends.res-agora.eu/uploads/27/RRI%20in%20the%20
Netherlands%201st%20Report_final.pdf.

荷兰这一相关研究的先驱国家正在"因成功而扩张"①。

同样在 2008 年，在英国，工程和物理科学研究委员会（EPSRC）制订了一个帮助评估纳米技术影响的计划［OWE 13］②。从那时起，RRI 框架的发展主要着重于以下几个方面：

·在更广泛的研究共同体中促进对负责任创新（RI）方法的反思、理解和培训，鼓励与其他学科和专业领域进行更广泛的互动，以发展负责任创新的能力；

·支持 EPSRC 在研究拨款提案中有关探索 RI 的各个方面的基金申请，这将使 RI 作为该研究工作的一个组成部分；

·对我们所知有限的新研究所带来的社会、环境、伦理和监管挑战保持警惕，并在早期阶段扩大辩论；

·确保 RRI 在我们的战略思想和资助计划包括提案评估中处于领先地位；

·在新的研究领域已经显现时，就要及时提醒政府和监管机构的政策制定者这些新出现的机遇和挑战。

实施获取 RRI 策略的主要关键词是"预期、反思、参与和行动"。这些步骤应遵循线性时间进行，其中"预期"和"行动"是技术监督过程的开始和结束。

这只是过去十年来，从制度层面上关注 RRI 的两个实例。当然，其他国家也同样在重视这个问题，这促进了整个欧洲对RRI 认识的提高③。

---

① http://www.nwo.nl/en/research-and-results/cases/extended-due-to-success.html.

② https://www.epsrc.ac.uk/research/framework/.

③ 扩展报告请参照［FIS 13］的精彩文献。

在我们的研究中，我们不能忽略欧盟委员会作为一个机构对RRI 的定义，这个定义在某种程度上揭示了政府资助 RRI 项目的初衷：

"负责任的研究和创新意味着社会行动者在整个研究和创新过程中共同努力，以便更好地使过程及其结果与欧洲社会的价值观、需求和期望保持一致。"[GEO 12]

这一定义似乎基于更成熟的哲学和政治调查，综合了以前关于科学和社会发展的所有观点。

我们无法明确区分国家和欧盟层面对 RRI 的看法，因为这两个层面相互影响、相互作用，共同促进了欧洲范围内各个地区创新能力发展的互惠增长。

更重要的是，如果要在伦理问题上让 RRI 发挥更大的作用，那么制度措施就是至关重要的。例如，如果未制定资助计划以促进某些方面的发展，那么研究人员或创新者光依靠自己是几乎不可能完成这样的技术发展的。

此外，如果这一定义包含了许多方面的内容，那么有一项规范，如果与该定义相匹配，它将进一步告诉我们欧盟委会员的观点。事实上，这一定义的一个重要发展是明确提出了实现 RRI 的六个关键点：参与、开放获取、性别、科学教育、伦理和治理都是需要满足的条件。根据我的了解，这六个关键性条件需要互相融合互补才能发挥作用。同时，我想指出，它们需要按照词典式排序（lexical order）来考虑，这意味着它们还必须遵循伦理辩证法。我将在第五章更仔细地阐释这个视角。

正如我所揭示的，欧盟委员会的定义似乎是多年来在不同情况下形成的许多不同观点的结果。在短暂地经历了一些主要的历史发展之后，我们现在需要了解 RRI 本身是如何在文献中被提及的，以便理解其最深层的特征。

RRI 在文献中被广泛提及，各种观点侧重于对 RRI 不同方面的阐释，这其中至少有六种不同的解释。这些都是明确的，涉及各个方面，但也没有用尽丰富的材料[1]。

冯·尚伯格提出了一个极具影响力的 RRI 定义，并以此为参考来讨论最近几年的技术实践。他所提出的定义，经常在文献和会议中被引用，涉及诸多有关技术和社会的方面。"RRI 被定义为一个透明的、互动的过程，通过该过程，社会行动者和创新者相互响应，以期实现对技术过程、适销产品的（伦理）可接受性和社会期望（以便在我们的社会中适当地嵌入科技进步）的创新"[VON 07，VON 12，VON 13，p.63]。冯·尚伯格把重点放在 RRI 所涉及的过程上，以便引起人们对产品开发过程的关注，他认为只关注产品本身是否合法是远远不够的。但是也应该看到这并不意味着以这种"负责任的"方式开发出来的任何产品都必然是"负责任的"，而只是在此过程之外创建的任何产品都不能被认为是"负责任的"。

对这一过程的描述遵循着一条沟通和理性的路线。事实上，只有社会行动者和创新者之间建立相互沟通，R&I 的负责任过程才能被激活。责任的产生要以主体间的沟通响应为条件。

因此，RRI 的成功实践必须建立在一个规范的沟通交流机制上。建立有效的沟通过程，就必须考虑到诸如可接受性、可持续性和社会可接受性等因素[VON 12]。要对这三个因素加以

---

[1] 更详细的叙述，参见 GREAT 项目，http://www.great-project.eu。

理解，就必须理解冯·尚伯格对欧洲价值观的阐释。欧盟人权宪章规定了欧盟条约及其目标中提到的规范性要点［VON 12］。冯·尚伯格还指出，这种参与和沟通机制必须在技术开发过程的早期建立，因为若想在技术开发后期再引入 RRI 框架将会面临更多困难，正如转基因技术开发问题所示［VON 13］。

冯·尚伯格的理论是程序主义中一个具有代表性的例子，由于明确的规范性参考标准的贡献，它具有克服自身局限性的优点。从他对 RRI 的定义中可以看到，不同社会角色为实现技术开发的共同目标必须基于伦理共识建立一种暂时的合作关系。他强调在此过程中，必须建立一个可以依据的标准和规范。但是冯·尚伯格对伦理的理解，局限于合法性或合规性，"在欧盟范围内，这是指强制遵守欧盟宪章关于基本权利（隐私权等）的基本价值观。以及欧盟设定的安全保护水平"［VON 13, p.64］。但是，他并没有忽视法律以外的更多价值导向，并将其都纳入了考量范围，"（它）抓住了欧盟条约的相关和更具体的规范性要点，例如'生活质量'，'男女平等'，等等"［VON 13, p.64］。对于冯·尚伯格来说，这不是制定新的政策指导方针的问题，"而只是需要将欧盟的基本价值观始终如一地应用到研究和创新过程中，正如欧盟条约中所反映的那样。也许，人们一直错误地认为，这些价值观不能在研究和创新的背景下加以考虑"。

冯·尚伯格提出的有关 RRI 概念是最清晰最复杂的阐释之一，这使其并非偶然地成为文献和讨论中被引用最多的概念之一。他的理论的突出优点是，强调要在决策过程中建立一个规范立场作为标准。他还强调，这些规范性参考标准必须超越单纯的法律层面，尽管法律层面是根本性的，但有些问题只依靠法律原则是不能解决的。他还指出人们对未来的希冀往往会超越市场赢利能力，尽管后者可能是产品在"市场竞争经济"中生存的前提条件〔VON 13，p.64〕。

冯·尚伯格非常直观地整合了在此之前就出现的对 RRI 的不同解释。他指出采用技术评估、预防原则以及行为准则都是积极有用的。这三者出于不同的原因，提出了不同的方法，共同促成负责任的研究和创新过程。冯·尚伯格还把欧洲条约和文件的制定程序与价值和规范相结合。我相信这将有助于 RRI 更好更快地成为社会框架的补充手段。然而，我并不确定我会在不了解 RRI 成立的基础以及整个运行过程的情况下还会同意所有相关观点。我认为欧洲价值观总是遵从一套近乎相同的程序来达成和定立，这不免在最后产生一些谬误。例如，如果《隆德宣言》所表达的价值和规范是根据一个主要是程序性的程序产生的，由一个有限的行动者圈子（专家）管理和发展，我不确定它们是否可以起到表达民间社会最深刻观点的目的。因此，这些同样的价值和规范作为一项正式的协定的表达，不能指望被用作实质手段，从而既没有效力，也没有合法性。这些规范和价值过于抽象性也使本该发挥实质作用的原则失去了实际意义，这些原则通常充其量是程序性的。

《里斯本条约》（Treaty of Lisbon）也是如此，它是继欧洲宪法失败后通过的第二个最好的条约。哈贝马斯尖锐地批评了条约批准的方式，因为它没有体现人民主权，而是被政治精英合法化。正如休·巴克斯特（Hugh Baxter）所报道的那样："哈贝马斯的语言，批评里斯本批准过程的不民主性质是非常强烈的。虽然《宪法》和《里斯本条约》的本意都是'促进公民在建宪过程中更高层次的参与'［BAX 11］，但恰恰相反，'远离民众的政治进程的精英特征'的确疏离了欧盟层面与其人民意志的关系。"

结果，依赖于政治精英或少数技术人员形成的"非民主文件"，就成了评估一个以人们参与为基本程序的过程的规范性和价值的参照。

通过这样的方式，政治精英或专家将定义民众表达个人利益、价值观和愿望的途径。

在我看来，这似乎是一个政治圈子，合法性的希望渺茫，更不用说效率了。

我认为，这一缺陷在于面对这些相互独立的工具和方法时，大多数情况下是难以实现信息共享和合作以达成最终目标的。在某种程度上，这种缺陷来自于一种对更高层次包容性结构的需求与不愿意通过重新界定社会关系来达成这一目标之间的矛盾。换言之，科学和社会之间的划分仍然指向一个共同的标准，然而，这一标准是不可能出现的，至少不能出现在我们所引用的基于价值的框架模型中。

此外，可以用一种更显著的方式来设想制度层面的参照标准，正如哈贝马斯正确指出的那样，同时强调生产和民主管理进程的重要性。保证合法性和有效性就是产品本身所负载的条件。换言之，RRI 框架中的制度作为共同价值观的化身，应该在技术过程中传授、促进和适当地调整技术的价值，而不是直接把一种价值观强加于技术产品之上。

理查德·欧文（Richard Owen）、菲尔·麦克纳滕（Phil Macnaghten）、杰克·斯蒂尔戈（Jack Stilgoe）、迈克·戈尔曼（Mike Gorman）、埃里克·费舍尔（Erik Fisher）和大卫·古斯顿（David Guston）借

鉴了冯·尚伯格的观点，对 RRI 提出了一个新定义："通过对当前科学和创新的响应式管理来关心未来发展的集体承诺。"［OWE 13］考虑到 RRI 发展还处于早期阶段，这个定义故意保持宽泛，以便促进对 RRI 概念的进一步思考［OWE 13］。然而，该定义对 RRI 框架的构成也提出了明晰的标准。RRI 应始终预测 R&I 的预期和非预期影响。它必须反映潜在的目的、动机和潜在影响，知道什么和不知道什么，以及相关的不确定性、风险、无知领域、假设、问题和困境。然后，它应该"以一种包容的方式，集体地深思熟虑地提出愿景、目的、问题和困境"。最后，作为一种横向的思维模式，RRI 需要"以迭代、包容和开放的方式响应与 R&I 相关的问题"［OWE 13，pp.27—50］。

RRI 的这些"维度'是以一种"与冯·尚伯格对 RRI 定义一致"的方式构建的［OWE 13］。

然而，有迹象表明，这与冯·尚伯格注重 RRI 框架中的交流沟通不同。特别是，在我看来，提及"关怀"意味着对责任概念的不同看法［GRI 13］。对某物表示关怀，本身就表达了对某物的接受，通常用来表达一种对责任的理解，这种理解敢于超越现行的规章制度和程序，并通过承诺将自己投射到一个不确定的未来。从这个意义上说，每一个参与科学和创新管理的个体或机构都必须在考虑可能出现的结果时为自己的行为负责。关怀的概念唤起了深刻的"存在"的理由，即触动决策者作为人的一种感情［SAR 93，HEI 08，LEV 98，BLO 14］。决策行为的后果影响到整个集体。

欧文等人打开责任的吾义空间，突出其存在的方式，并延续了将责任视为一种伦理义务的传统［JON 79］。

然而，根据作者的明确意愿，他们没有就实现这种观点的政治和制度应用提出更确切的想法。从这个意义上来说，这之前所有的尝试都没能对问题的解决提供一个很好的方案。欧文等人的研究还未涉及认知冲突、道德困境和意义空间等方面。换言之，他们认为应该通过对决策过程中的一些偶然现象的解释不断完善RRI的框架。我认为，他们的贡献在于赞扬了一个还停留在观念层面的东西的内在的主观的定义。然而，我认为我们需要开始考虑一个能够指导对话和评估的内在的规范性解决方案，以便使主管机构有一个合法和有效的标准来开展工作。虽然我认为这种基于互惠关怀的讨论和反思的开放是一个有趣的建议，但我也认为，我们需要在RRI从定义到实施的关键时期帮助政策制定者①。

范登·霍温［VAN 13］提出了一种不同的RRI概念，该定义通过聚焦道德困境重新思考科学与社会之间关系的结构。对于专门从事创新工作的范登·霍温而言，RI是"一种可能产生以前未知设计的活动或过程，要么属于物理世界（例如建筑和基础设施的设计），要么属于概念世界（例如概念框架、数学、逻辑、理论、软件），制度世界（社会和法律制度、程序和组织）或这三者的组合，RI在实施中会扩展伦理问题的相关可行性解决方案［VAN 13a，p.82］"。在这里，技术研究本身被有意地从RRI过程中忽略，因为这个概念更多地集中在产品的具体开发上，而不是要产生与研究相关的更通用或基础的结果。

如果说其他两个有关RRI的概念暗示了这一过程在时间上的重要性，那么范登·霍温就明确强调了这一点，他特别指出

---

① 请参阅试点项目到当前项目的文章，以及呼吁宣言定义RRI和将其应用到不同部门的文章。

RI 是指在设计阶段而不是在此之后的研发过程中起作用。

从这个重要的方面开始，范登·霍温已经引导我们走向理论建设的道路，他对 RRI 概念阐释的关键特征在于对其中包含的"技术"[1] 观点的理解。他认为技术不是价值中立的。这种假设只会掩盖那些真正起作用的价值观。RI 的作用就是要使它们明确化。"没有一项技术是价值中立的"[VAN 12a]。无论是否有意，一种特定的技术、应用或服务总是有可能以牺牲另一种美好生活的概念为代价，来支持或容纳一种特定的美好生活概念。因此，选取特定的价值观是依赖于德性的 [VAN 13a, p.76]。明确创新背后的价值也有助于改善创新的功能。范登·霍温在论证如何解决道德困境时所举的例子遵循了一种辩证的方法论，即从道德和功能的角度说明解决道德冲突是可能的。"道德超载"情境下产生的冲突，是指"一个人背负着无法同时实现的相互冲突的义务或价值观"[VAN 13, p.77]。

然而，如果我们在创新设计中采用基于价值的视角，这些在技术发展领域中常见的情况是可以得到解决的。例如，安全与隐私之间的冲突不一定要在两者之间作出选择，而是提出第三种选择，既能兼顾两者，又能克服它们 [VAN 13a, VAN 12a]。"第三号角"的提出改变了视角，通过在创新的两个概念中嵌入道德价值来实现创新，从而增加了创新的功能。这种做法使问题更深入触及道德多元化所产生问题的核心。范登·霍温在这方面证明了他的哲学背景，他提出了如何在不丧失合法性的情况下保持创

---

[1] 我明确强调了"技术"这一术语，狭义上人的操作技术同广义上与科学相对应的技术具有实质性差异，前者暗含了具有强烈的规范性和以人为本的思想根源 [MAU 00, DUR 97]。

新的有效性的问题。在设计阶段寻找第三种可供选择的办法，不仅维护了伦理价值观，而且促进了技术功能和经济方面的发展。范登·霍温强调的这种较为前卫的观点正是在几种所谓的理性主义方法的基础上对 RRI 范式的重新表述。这位荷兰哲学家所提出的每一种技术都负载着价值和道德意义的视角，打破了科学与社会之间严格的韦伯和哈贝马斯二分法。范登·霍温从对价值敏感的设计框架中获得了这一基本思想，他认为，"通过将价值观和伦理考量纳入技术研发，可以塑造未来受众的行动空间，即影响受众的一系列可供性和约束性"［VAN 13a，p.79］。

范登·霍温的概念也显示了责任的积极和创新方面。负责任创新意味着"扩大解决一系列道德问题的相关可行性选择"［VAN 13a，p.82］，以求通过一种技术实现"美好生活"。范登·霍温在"价值敏感设计"范式的基础上发展了一种对伦理学进行阐释的方法，以显示其在进步发展中的决定性作用。这种办法肯定比其他办法更能触及问题的根源。解决道德冲突的伦理视角无疑会为解决道德多元化所产生的问题提供一种新的思路。

然而，我在范登·霍温的概念中发现了两个令人费解的问题。第一个问题是比较次要的，即霍温的相关结论都基于他自己对责任概念的理解。事实上，范登·霍温似乎接受了责任是对具有一定能力的人的一种归属的观点，从而将责任降低为认知因素。尽管我们发现有几次提到应承认代理人的能力并将其嵌入复杂的社会网络这一前提条件，但这些相同的能力似乎被降级到道德或司法层面。

然而，我发现，与第一个因素有关的另一个因素对解决范登·霍温面临的问题更为重要。事实上，我发现了一个缺失，或者至少是有一个方面仍然是隐含的，需要明确表达出来。范登·霍温反复强调，根据对道德冲突进行"扬弃"的观点，有必要对技术进行建模。然而，究竟哪一个原则、哪一个参考价值能够指导这一过程，目前还不是很清楚。我们怎么可以进入这样一种局面：即我们应该接受一个原则上与对话相违背的道德立场，或相对主义立场，或怀疑主义立场。为了避免这种可能性，我需要找到一个对道德行为人既外部又不陌生的参照标准。此外，解决道德冲突还需要制度上的考量，特别是如果解决这种冲突是严格可行的话。我们将需要了解在哪里能找到范登·霍温提出的这个有趣概念的出发点。

格伦瓦尔德一直试图通过他所提出的三重理论在 RRI 中嵌入不同的概念维度。格伦瓦尔德的 RRI 是一个总括的术语，其特点是通过综合发展和创新的方法，在技术研发过程中更直接地涉及伦理和社会问题。它必须通过解释学方法弥合创新实践、工程伦理、技术评估、治理研究和社会科学（STS）之间的疏离。它应努力根据其所有三个方面（治理、道德和认知）的责任反应，重新塑造创新进程和技术治理模式，使有关行动者之间的责任分配尽可能透明。最后，它应该支持技术与社会监督框架共同演化的"建设性路径"［GRU 11，p.26］。

在这里，我们没有找到 RRI 的定义，而是更注重对方法论路径的实用性解释，以避免过于抽象的概念化。在他所阐述的一些理念中，主要关注点是道德困境，或一般的社会冲突，可以通过解释学的转向来解决［GRU 11］。格伦瓦尔德利用其使用量的不断增加［NOR 14b，VAN 14d］，在对未来的技术远景投射中发现了一种可以解决由认识的不确定性引起冲突的方法。鉴于不可能采用后果主义的方法，如情景构建和预后取向（prognostic orientation）中的方法，格伦瓦尔德建议转向叙述性实践，这种做法可能会涉及 RRI 中的所有不同方面。

需要强调的一个方面是，格伦瓦尔德也许是为数不多的以实质性方式处理责任问题的人之一。对他来说，不论其他对于负责任的行为应该包括哪些方面的描述是否重要，责任本身是需要被质疑的。格伦瓦尔德确定了责任的三个方面［经验、道德和认识论（EEE）］，需要以互补的方式对待。格伦瓦尔德认为，通常与责任相关的盲区源于仅仅把它看作是一个道德问题。相反，责任不能只与道德层面联系在一起，还需要以更广泛的方式加以处理，包括认识论和经验方面。

"关于技术和科学中责任的争论经常集中在伦理层面上，但同时要考虑分配过程和认识上的制约因素等次要问题。然而，就迄今所作的分析而言，道德伦理层面的问题是十分重要的，但也只是技术创新研究的一部分。对责任反思的常见批评（见上文），认识论上的盲目性和政治上的天真，这与将责任缩小到伦理层面有关。通过一起考虑责任的所有三个 EEE 维度，可以满足这些批评并使责任概念发挥作用［GRU 15，p.25］。"

格伦瓦尔德提出了许多关于 RRI 的重要观点。他首先说明了 RRI 是如何采用以前的和相应的框架来评估一般的技术或创新（STS，TA 等）。他还极力主张采取协作和全面的办法。格伦瓦尔德理论的另一个优点是从更深层次提出责任问题，将这一问题扩大到认识论和政治治理领域。他试图通过提出一个三重的观点来避免把责任局限于伦理道德的范畴中。并通过解释学实践来解决认识不确定性带来的困境，具有克服认知障碍和"话语"排斥的性质。实践可以弥补交往理性和一般理性的不足。它有助于使"未被听到的"出现在公共讨论中，并根据社会框架型塑创新。在这个意义上，榨伦瓦尔德非常关心规范的有效性问题。

然而，我相信，他对道德的理解可以构建更具包容性的术语，他提出的责任"三分"建议可以从责任的理解与接受角度进行重新表述。在之前的理论构建中，有关规范和制度的标准没有出现，这可能会导致不同叙述的同时发生。

从这些概念中产生的是以下问题。首先，我没有找到一个概念，将对责任的不同的接受和理解联系起来，以便理解何时和为什么我们可以选择一种责任。明确地说，我没有引述一些与此有关的重要文章，因为它们只侧重于责任标准，而不是注重 RRI 的概念。然而，正如我们将看到的那样，甚至更具体的文章都会倾向于分析而不是综合互动的方式。尽管如此，各种 RRI 的概念都或多或少地以明确的方式预设了一个并不涉及它们之间的关系或基础标准的责任概念。

对认识能力的提及是一个重要的起点，RRI 还有更深层次的意义和潜力等待挖掘。

由此产生的第二点是伦理学的定义，尽管它出现在几乎所有的 RRI 概念中，但并没有得到详尽的解释。或者至少，我不清楚伦理学和道德之间有什么区别，因为它们在不同的文本中通常具有相似的含义。我认为，这是一个值得深入讨论的方面，因为所有的概念都清楚地提到了伦理问题或伦理方面等。从伦理角度看待科学，需要重新解读我们的伦理意图，以及在这个意义上，责任概念能提供什么。

这些概念中的许多仍然或多或少地依附于 RRI 发展的程序

层面。这使得能够将各个方面结合在一起的客观程序的制定成为可能。而体现在价值、利益和欲望中的各种主观性杂糅在技术创新过程中，无法达到充分的合法性标准。

然而，这一观点的局限性在于，它没有充分考虑到代理人在这些程序中能够认识自己及其价值所必需的主观方面。想要保护个性尊严的程序主义冒着失去支撑的风险，将它们溶解在一个灰色的程序中，不再可能区分黑白。连接链环是一个空盆，在其中没有人为自己或他人找到任何东西。在这种方式下，相关主体之间的距离和不可沟通依然存在，并且不被理解和解决。我不想深入探讨道德或认识性程序主义之间的各种区别，但我认为，值得注意的是在科学与社会之间的艰难关系中不断使用程序主义绝不是偶然的。

事实上，我认为采取中立的观点是解决两个对立派别之间冲突的办法。一方面，我们有一种终结理性（Zweckrationalität），对规范性呼吁充耳不闻，并开始走向未知的未来，而另一方面，我们有一种价值理性（Wertrationalität），它局限于一个制度外的公共领域，无敌的正义英雄完全以规范性假设为指导。

这种长期以来被归入科学和社会双峰的二分法，找到了第三个竞争者，与前者结盟，但比它更"有意思"。因此，在这两个对社会结构同样重要的问题中，我们不一定能够做出选择。解决办法是采用一种能够抵消这两种主张的语言。由此产生的结果将是获得一个共同且合法的假设，而这种合法性自动地保证了假设的有效性。通过引进能够克服这些限制的第三方来解决两个派别之间的对比的宝贵尝试很快就暴露了它们的局限性，因为第三方往往表现空洞。

虽然如所有这些理论（特别是格伦瓦尔德和范登·霍温提出的）所暗示的那样，解决办法是引入了第三语言，但这第三语言必须充满主观性，只有在这种主观性中，两个竞争者能看到自己的代表，并相互承认，以便理解它们的关系性质。两者都必须阐明这一联系，以便形成共同的假设和目标。第三语言必须起到叙述媒介的作用。因此，这种能够采用共同语言的媒介必须在这两个领域之外去找，但绝不能与它们格格不入。它必须是形式上的反映，从中可以找到其内容的特殊性。

另一方面，虽然实现这一目标的方式假定了程序的轮廓，但后者必须由不属于程序本身的人开始和结束，以免落入程序主义的圈子。在这个意义上，我们需要能够在不同维度之间启动辩证运动的制度。这些制度必须是连接的纽带，因为它们不仅体现了价值观、利益和个人喜好，而且还将这些价值观转化为一种全面和可识别的语言。这一点是可以认识的，因为它源自同样的基本职能，具有同样的目标。由不同的领域组成的社会把他们联系在一起的程度远远超出了人们的想象。因此，不同的语言只是实现同一目标的一种功能形式。

因此，要形成一个本身能够具有这些不同含义的 RRI 概念，我们必须确定各个领域，但首先必须确定它们之间的关系、共同基础和共同目标。也就是说，这一提法将使我们能够解决道德和认识上的冲突。那么，允许这些责任之间存在联系的基本假设是什么？

在分析了我们正在寻找的问题的根源以及问题的复杂性及其轮廓之后，我们现在必须敲开 RRI 的外壳，以便了解其各个方面的基本特征和目标是什么。

第二章 责任：一个现代概念

2.1 │ 现代"责任"的构成

　　负责任研究与创新（RRI）概念外延可以根据责任概念的定义来确定。广大读者可以通过对日常生活中"责任"概念的直接联想，给出自己的理解。但是，随着由创新带来的挑战与日俱增，各行各业对"责任"的理解出现了分歧，这使得前述的那种直接联想变得不再那么简单。

　　谈及责任时首先出现的问题往往是"由谁负责""他对什么负责"和"在多大程度上负责"。这种对责任解释上的多样性，并不主要在于明确负责的主体，或者明确负责的内容，而在于责任本身所包含的多重含义。关于"由谁负责"或"负责什么"的定义不仅涉及不同的词汇和语义顺序，而且涉及不同的社会领域，这都为"责任"这一概念的理解增添了复杂性。

　　《牛津英语简明词典》对"责任"的释义是［BRO 93］，责任是指某人负有责任的照管、信任或义务；一个人对某人或某事负责。在阅读文献中，我们发现，对"责任"这一术语的应用十分广泛，但就其含义却没有统一的意见。相反，我们发现一个共同的观点，即不仅对其概念的外延没有明确的规定，对其潜在的应用也没有明确的规定。哈维尔·帕维认为，英语中明确区分了问责（accountability）、法律责任（liability）以及责任（responsibility），后者通常是用来表达掌管某事的感觉。但是相反的是，法语则将这种有关责任概念的差异保留在含义内［PAV 14，p.35］。C. 亚当（C. Adam）和 C. 格罗夫斯（C. Groves）则认为责任在于关心他人。而尼科尔·文森特（Nicole Vincent）提出了责任的 6 个概念和 13 个关于责任概念的争议来源［VIN 12］。伊博·普尔（Ibo van de Poel）阐述了责任的几种不同含义。对斯塔尔等人来说，"责任可以理解为一种在不同实体之间建构起来的社会联系"［STA 13，p.200］。欧文等人说明有必要重新界定"责任"这一术语的概念，以便能够界定 RRI 的概念，最重要的是界定 RRI 的研究领域和对象［OWE 13］。

但是，我们如何才能找到这个术语的恰当用法，从而既能澄清问题，又不显得有偏见或相对化呢？我认为如果我们想弄清楚"责任"这个概念的整体含义，我们就需要了解它成立的可能性条件。因此，第二章的写作目的是，厘清构成责任这一问题的主体之间的关系和有关责任的各种观念之间的潜在联系。

可以肯定地说"负责任的"（responsible）作为形容词在各种文献和日常工作中的使用频率的猛增，是由"责任"本身的一词多义引起的。正如几位作者所强调的［RIC 00，OWE 13，PAV 14，JON 79］，responsibility 的词源来源于动词 respondere（回应），这就在理念层面和实践层面上提供了应用的不同可能性。不难理解，这个动词本身就具有强烈的抽象性，因此延伸出来的责任一词也具有了不同的内涵。回应或者对某人做的某事负责就意味着将产生一系列难以界定和错综复杂的问题。我们该回应谁？我们为什么要回应？这只是这个动词可能产生的众多疑问中的两个。负责任可能意味着对我们的行为、我们的角色、其他人的行为作出反应，所有这些都将发生在不同的社会领域和社会层面上。伊博·普尔［VAN 12a］、妮可·文森特［VIN 12］和汉娜·阿伦特（Hannah Arendt）［ARE 05］向我们展示了责任概念在道德维度上的复杂性和多样性，汉斯·凯尔森（Hans Kelsen）和哈特（H. L. A. Hart）［KEL 05，HAR 08］以严苛的方式定义了区别于道德责任的司法责任的边界。让·保罗·萨特（Jean Paul Sartre）［SAR 93］、乌瑞克·贝克（Ulrich Beck）［BEC 92］和汉斯·乔纳斯（Hans Jonas）［JON 79］虽然遵循不同的目标和方法，但都强调了责任的性质及其存在的重要性。哈维尔·帕维揭示了责任的战略价值和潜在的在经济领域中的应用［PAV 14］。

最后，我们还不能忽略的是，关于这个术语的相关论文数量激增，都在探讨其可能适用的具体情境。也因此导致这个术语在语义方面和实用方面的含义不断扩充，以致很难总结它的含义［RIC 00］。

由于"责任"这个术语的范围不断扩充而其含义又含糊不清，我们总是面临着其定义要么过于宽泛，要么过于狭隘的问题［BER 02，p.172］，这就凸显了再次辨析责任概念的必要性。我认为这对于从政治角度理解并且使用"责任"这一术语显得尤为重要。事实上，字典以及一些学者的精彩辨析并没有为我们提供太多有关"责任"这个词在技术治理中的内容。在 RRI 的多元环境中，对自己的决定、行为负责（accountability）、法律上对某事物的责任和义务（liability）或应受责备（blameworthiness）这三个词的区分还不够明晰甚至完全没有区分。

"责任"概念的定义纷繁复杂，但也不能够阻止我们探寻其更加基础的含义，并借此把握其各个因素。换句话说，这个术语含义的不断丰富，产生了一些难以解决的困难。我们需要充分利用蕴含在概念的多样性之中的丰富内涵，探寻其重要意义，揭示其主要特征。我的假设是，在这样的根基，它能为定义责任提供一个涵盖所有细微差别的总体框架。而且，我们还将试图探寻这个术语的本质含义，揭示其多种被接受含义之间相互补充又相互联系的关系。

通过对责任概念最深刻的解读之一——保罗·利科（Paul Ricoeur）所作的解读，我将强调"责任"这一概念不仅需要应对如何在这一概念的认知上达成共识的挑战，还需要处理责任涉及的各个主体之间的关系。这就意味着，我们需要找到一个潜在的解决方案来解决许多交叉责任的问题。代理人和行动者之间的关系，将行动者与行动联系起来的关系，责任中隐含的个人和集体维度，以及它的时空属性。所有这些问题都只是责任问题中的冰山一角，因此我们需要尝试新的方法来明确这个概念的基本特征。并且，人们已经认定，这注定将会指引人类构建未来。

责任是一个"最初与现代性的崛起相关的概念"［GID 99］。弗朗索瓦·埃瓦尔德（François Ewald）和利科［RIC 00，EWA 86］指出，责任的出现并没有太长的时间，更准确地说，根据弗朗索瓦·埃瓦尔德的说法，我们发现最早的"责任"出现在 18 世纪初，这样的术语大多只用于具体的对象和情况，直到 19 世纪末，于 1898 年颁布《法国民法典》才表达了对责任的更新的结构性理解，尽管还仅限于工作事故和社会保障领域，但仍具有进步性。事实上，该部法律首开先河，它要求企业制定针对工伤事故的保险制度，意图在处于强势的企业和处于弱势的工人之间建立一种"更公平"的关系。很明显，像第 1348 条这样的法律条款也并不多见。实际上，这种整合所暗示的转变是该术语更广泛和更深入使用的见证。埃瓦尔德仅指出了该术语的司法概念化和应用，尽管它通过责任的方式来突出政治、法律和经济之间的关系。然而，我们在责任概念的探究中没有发现实质性地提到这个概念的外部起源。那它是从哪里来的呢？

保罗·利科发现了一件奇怪的事，那就是在法律领域之外，"责任"这个词鲜有用到，他指出"责任"在哲学传统中的缺席似乎是一种奇怪的缺失。鉴于该术语在整个法律领域中的大量存在和历史发展，利科发现没有明确的哲学参考来支持它是很奇怪的。利科将这一事实与责任概念在法律领域以及道德哲学方面逐渐增加的使用和发展联系起来加以强调。"责任"一词的多义性植根于其语言学根源——"负责"（to respond）之中，此外，在文学作品或公众意见中对该词的大量使用，也造成了该术语的多义性。最后，这个术语通常被用来强调诸如风险、团结和安全等具体方面或影响。根据利科的说法，在这三方面因素的共同作用下，为了消除对"责任"这一术语的偏颇理解，对其概念重新分析是十分必要的。

保罗·利科采取的策略是在其他领域中寻找含义相似的词语，并提供概念的语义分析。在这项系谱调查中，他发现"归责"与"责任"有很大的相似之处。"归罪"通常意味着："将应受谴责的行为、过错记在某人的账上，因此，是一种最初以该行为侵犯或违反的义务或禁令为标志的行为"［RIC 00，p.13］。当后者被设想为在法律或道德上分配给某人的裁决，并且要求代理人作出反应的裁决时，这种理解显然与责任之一相匹配。因此，利科认为"归罪"是"责任"意义的一个很重要的起源。

这个术语的双层含义蕴藏在它的时间动态之中，因为"归罪"的同时就必然存在一个"可归因性"的预设。

保罗·利科强调，事实上，要求某人对某事负责，意味着代理人必须对所造成的损害进行赔偿或者负责，这不仅告诉我们，这有可能走向"报复"这一极端，它还表明，行动和代理人之间的反向关系取决于"归因"的维度。因此，"归罪"在"报复"和"归因"这两个程度之间徘徊不定。利科认为，这两种理解各有特点，一方面，它显示了我们对这个"责任"术语的被动接受，另一方面，"责任"作为一种积极的精神，也体现了一个行动和它的行动者之间有着密切和根本的关系。

回顾了神学和自然法中的几种现象，保罗·利科继续了他对"归罪"的研究，以显示在历史上这种二元性特别是涉及现代性是如何发展的。开始出现并且将成为基础的一个方面是双重归因／惩罚，它揭示了非常有趣的双重性质。根据利科的说法，可归罪性（imputability）意味着基于对某人或某事的必要反应的双重维度，以及先前的归属，即行为与行为者的联系，揭示了地位和实践的双重性质，以及可归罪性与其必须假定的自由之间的密切联系。事实上，利科强调的双轨制表明了决定论者和自由主义者这两个维度是如何同时发展的，并在伦理和宇宙论方面，这两个维度又都得到了体现和重叠。然而，直到现代性和现代理性的实现，同一概念的这两个方面一直在平行前进，证明了自由行动和必要事实之间存在着某种不可调和的差异。

根据利科的说法，事实上正是在现代性之中，特别是由于康德的出现，可归罪性的这种双重进路的传统作为宇宙哲学和伦理学的概念被整合到一个框架之中。诚然，康德关于"归罪"提出了一个最著名的解释，将责任与过失行为的道德归因联系起来。但是，这种解释是建立在另一种理解之上的，亦即以另一种理解作为预设条件。后者的这种理解根本不是独立存在的，它在逻辑上是前置的，并且是由将行为归因于行为主体的认知过程构成的。而这种认知过程则是每一个道德判断都必须预设的。"康德的'归罪'思想的影响在于，将两个更为久远的思想结合到了一起：一个是将行为归因于其行为主体的问责，另一个则是行为的道德特征和通常意义上的负面特征。"［RIC 00，p.16］

为了在道德上被认为是可归罪的，即应受责备，我们必须假设一个代理人首先有能力采取行动，而且他有能力在选项中作出选择，这意味着，被指控某事的可能性只有在我们找到一个自由的代理人时才是可能的，康德称之为一个人一个理性人。这种联系将在康德的所有作品中不断提到，尽管形式不同："一种行为被称为契约行为（Tat），是因为它属于强制性的法律，因此，在实施这个行为时，主体是根据他的选择自由来考虑的。通过这样的行动，代理人被认为是其后果（Wirkung）的制造者（Urheber），而且与这种行为本身一起都可以归罪到行为主体的身上。人是可以将其行为归罪于其自身的行为主体……而物则是不可以被归罪的。"①

---

① 引自［RIC 00，p.16］。

在我看来，第一个方面是基本的，原因有两个。第一个是为了解释道德中的责任，我们需要将一个行为与一个代理人联系起来，第二个是这个代理人需要被证明是"自由的"。没有选择的可能性，就不会有任何形式的责任。如果一种情况强加于代理人，那么他就不能接受任何形式的裁决，因此这就成为一个必要的过程。

但是，在探讨"责任"这个词的时候，康德这种对责任的理解还面临一个很重要的问题。我们如何区分某个行为是源自个体的自由选择，还是个体受一系列条件所影响的被迫选择？我们如何区分行为主体的自由选择与产生该行为的因果过程？我们需要从谁的角度出发去思考责任问题，有过错的行为主体，还是遭遇不幸的受害者？

根据康德的说法，这是一种无法解决或确定的相对情况。我们可以承认"世界上的一切都是完全按照自然规律发生的"，同时"与自然规律一致的因果关系并不是唯一可以得出世界所有现象的因果关系"[KAN 98, pp.483-484]。康德的二律背反在一定程度遵循了词典式的顺序，因为根据自然法则发生的事物的先验自由是进一步可归罪性的基础。当然，这也是所有因果关系的两个起点之间的两难之处，往往被称为责任的死胡同。对于康德来说，我们需要接受两者的存在，双方之间的联系是不能解除的。

奇怪的是，康德并没有像对待其他二律背反一样以怀疑的态度结束，但他更倾向于通过一个双重维度来思考一种和解的可能性，这意味着，对于康德来说，至少在《纯粹理性批判》（Critique of Pure Reason）中，双方不应该分开，而需要被看作是互补的。当涉及一项行动的后果时，我们不能在不考虑所涉及的

"受害者"的情况下考虑可归罪性。

　　然而，康德通过提出道德律令作为自由的真正内容的思想，解开了将这两个方面联系在一起的纽带。这样，自由不再是偶然因素和因果因素的结合，而只是理性主体对道德律的坚守。因此，毫不奇怪，康德主义的主要代表人物汉斯·凯尔森在其学术传统中一直主张，我们只能从法律或道德合规的角度来解释可归罪性。同样可以理解的是，随后关于归责的调查和研究遵循了这条学术进路，重点是如何区分道德和司法归罪。

　　与此同时，对二者的区分使得司法归罪排除了道德的因素，这是一个非常重要的做法，产生了非常重要的影响；对"归罪"概念的去道德化的尝试为再道德化做好了准备。利科主张有必要将责任的再道德化定义为一种基于"社会约束内化"的方法。对此，我十分赞同。

　　里克尔试图依据分析哲学和欧陆哲学而提出对于"归责"的去道德化理解，并通过语言哲学，更确切地说，通过斯特劳森（Strawson）的归因理论，提出了一种试图通过语言将行为主体与其行为联系起来的设想。斯特劳森理论中的"基本特征"（三个）可以通过语言归因的途径定义人。因此，只有当我们能够找到这些"基本特征"的时候，某个行为才能归因于某个人。正如利科主张的那样："因此，行为与代理人之间的关系被这种归因理论所代替，即特定的谓语动词归属于特定的基本特征。这个过程不考虑与道德义务的任何关系，仅仅从单一的角度来考察，确定与其基本特征的相关性。"［RIC 00，p.21］

　　归罪在语言学方面迈出了以非道德的方式将行为与行为主体重新联系起来的第一步。这个理论从外部角度考察行为主体的话语特征，这很明显也是它的局限性所在。我们实现了客观性，但中立性不足以表达言语之中蕴含的其他的交流方式，正如维特根斯坦［WIT 73］所阐述的那样。

因此，我们可以"建立一个从外部讨论人的归因理论，并与说话者的理论相结合，在这个理论中，这个人指定自己作为说话和行动的人，甚至在说话时行动，就像在承诺的例子中那样，作为每个言语行为的模式"［RIC 00，p.22］。

正是在谈论维特根斯坦时利科提出要同时发展行动理论与语言学理论。换句话说，利科认为一条认识和实践并行的研究进路，可以产生一种新的没有道德约束的归罪方法。

同时，利科也强调，"我能"的实现所带来的是以解释学的方式来考察某种行为与其行为主体之间的关系。根据所有格的语法，前者将会受到后者的影响而发生改变。换句话说，在归因过程中，某行为总会被认为是某行动者的产物。这使我们又回到最初的难题——无意识行为的缺失。正如利科注意到的，这似乎是整个历史沿革中不变的特征。"'取决于我们'的行为是相对于其行为主体而言的，正如孩子们相对于对其'父母'的关系，或者工具、机构和奴隶相对于其'主人'的关系。如斯特劳森的归因理论中所说的那样，他利用现实中的和精神层面的谓语'属于他'来表示他'拥有'他们或者他们是'他的'。这是自从洛克以来，现代的思想家增加的唯一一个新的隐喻。这种行为能力的'属我性'似乎的确表明了一个简单的事实，即著名的'我能'如此明显地被人重视，比如梅洛－庞蒂（Merleau-Ponty）"［RIC 00，p.23］。

然而，这种理解责任的方式倾向于采取一种结果主义的观点，不能回答创新性技术和技术发展中的不确定性。RRI 的关键问题，是使用什么作为责任标准的问题，就是为个人行为、社会关系和自然事件之间的复杂关系中隐含的不确定性提供答案。要保留康德在第二批判中提出的观点，即把责任与遵循道德规律的理性意志的运用联系在一起，这意味着忽略社会背景所带来的所有偶然性、非理性和意外方面。它意味着在道德、法律和伦理之间错综复杂的关系中约束责任，把责任理解为一个整体，表达一种单一的理性。同时，这样一个假设是通过从一种想要消除冲突观点的自由观念出发来确定的，将差异减少到理性的运用［WIL 84］。换句话说，根据这个观点，理性的运用将决定一个人行为结果的好坏，反之，坏的或错误的行为将被归因于非理性的选择或态度。通过这种方式，责任仍然与道德的认知和司法维度相重叠。因此，哈特试图将法律从道德粉饰中解放出来的想法，被认定为法律主义的道德愿景，这并不奇怪［HAR 08，pp.13–23］。但是，这种康德的观点，恰恰因为对理性中偶然性和“其他”的表达充耳不闻而受到了强烈的批评。

总之，利科为我们提供了一个场景，描述了责任的概念和词源起源与自由概念的出现和实施的关系。利科指出了两种促成了多义词概念产生的脉络，这个概念在今天仍然是模棱两可的。一方面，他发现了康德在第一批判中阐明的哲学思想，确定了将行为归于动因的认识论和本体论的重要性。另一方面，他强调道德司法传统，这与康德在第二批判中的指示有异曲同工之妙，定义了一个人的责任标准。这两个方面都试图解决与行为者的行为、他的意志和结果之间的关系有关的问题。这些术语的融合产生了责任的出现。然而，这种责任的概念是零散的，并没有设法在不失去其意义的情况下将这两个方面保持在一起。

根据利科的说法，最终的办法就是"搁置因果关系的冲突，尝试用现象学的方法考察它们的相互交织问题。那么，我们需要仔细考虑的就是主动行为和干预行为的现象，我们可以洞见行为主体对世界进程的干预，这种干预将会有效地改变世界"［RIC 00，p.23］。

利科继续他的简明而深入的分析，对法律和道德哲学领域中出现的"责任"一词的概念进行梳理。他的目的是展示一些经典的理论或例证，以便人们理解面临的机遇和潜在的危险，以及在两种各自独立的进路交叉重叠中不断发展的"责任"。

我相信这也应该是我们的任务，以进一步探求对责任的深刻认识。这种认识以道德法律假说为基础，能够突出责任主要的特点与不足。

2.2 ｜ 使法律与道德脱钩

正如我们在本章开头提到的那样，纵然"责任"在伦理学中被广泛使用，但是在灵法领域中并没有找到"责任"这个术语的哲学参考。与此同时，保罗·利科也表明，在"归罪"（imputability）这个词语的含义中可以找到有关"责任"（responsibility）一词的起源，其在伦理学和神学思想中的双重意义得到同步发展。

问责制的重要性体现在理性主体与客观现实之间的界限，理性主体因此是自由的，客观现实是由因果必然性所规范的。康德敏锐地把握了这种二分法的复杂性和重要性，并在一个他希望调和的矛盾中将因果关系与自由联系起来。对于康德来说，已经非常清楚的是，自由需要被看作是选择和界限的悖论关系。在第一批判中，主体是自由的，因为他可以根据自己的理性理解自然。

然而，令人惊讶的是，他在第二批判中给出的解决方案是，认为自由源于一种除了遵循道德法则之外不能采取行动的理性。

自由失去了中立的地位，进入了道德和法律的领域。因此，道德和法律被融合在一起，掩盖了与"宇宙论自由"相关的问题。当"这个完全根据对实践理性的批判而丧失中立地位的过程，最终将在汉斯·凯尔森《纯粹的法律理论》（Pure Theory of the Law）中实现归罪的完全道德化和司法化"[RIC 00，p.19]。在考虑责任时，法律和道德的分离是康德在没有充分说明责任的显著特征的情况下就进行合并的结果。

在对康德相关的研究中，我们势必要考虑到问责制和不承担责任的问题。为了使后者与前者直接相关，我们需要看一下关于责任最有影响力的作者汉斯·凯尔森的一些观点。

众所周知，汉斯·凯尔森想要形成一种祛除其他"杂质"的纯粹的实在法。他明确指出："法学已经被不加批判地与心理学、社会学、伦理学和政治理论的要素混合在一起了"[KEL 05，p.1]。在汉斯·凯尔森的文献中，他一直努力避免在方法论交叉的基础上描述法律科学，特别是它与其他科学的不同之处。在1934年首次发表的《纯粹的法律理论》，以及1960年的第二次修订版中[KEL 05]，凯尔森均提出了一种旨在清除/消除所有歧义和外部影响的法律描述。在《纯粹的法律理论》中，凯尔森明确地想要对实在法及其程序进行界定，并将其与自然法相对照，在一定程度上与道德相对照，而在他看来，道德经常、太经常地进入法律领域［KEL 05，p.220］。凯尔森面临的风险是，必然不稳定的主观立场可能会破坏法律维度的基础，而他认为其是客观而稳定的。

事实上，根据凯尔森的观点，法律的主要特点，尤其是与具有相似目标和方法的道德相比，是建立在以"应当"为目标的客观规范基础上的，而道德则仅仅遵循主观标准。"法律规则确实是一种断言——然而，并非对实际上会发生的事情（如自然法则）的断言，而是对根据法律所规定的应该发生的事情"的断言［KEL 05，p.87］。对于凯尔森来说，为了能推导出所有这些规则，就必须有一个先验的起点，在这种情况下它表现为一种程序。但是，他所谓的基础规范的这种检测只能在法律的界限内才能客观地实现，因为道德领域不存在共识［KEL 05，p.31］。凯尔森经常强调这个方面；规范的客观性是所有基础的唯一参照点（groundnorm）。[①] 他指出，"基本规范的原则不是一种认可的原则"，因为后者"以个人自由的理想为先决条件，即主体应该只做他想做的事情"［KEL 05，p.218］。

实在法保障的自由不是自我决定的自由。"法律秩序仅通过不禁止某一行为而留给个人的自由必须与该秩序积极保障给个人的自由区分开来。个人的自由在于通过不禁止他而允许他的某种行为，只有在该秩序命令其他个人尊重这种自由的情况下，法律秩序才能保证"［KEL 05，p.42］。

凯尔森认为道德是主观的，因而也是相对的。由于道德价值的相对性，他认为不同的道德体系是相互冲突的，并提出要根据

[①] 正如我所预料的，这本书有两个版本。只有在第二个版本中，基础规范的有效性才假定了这种"虚构"特征［KEL 64］。有关概述，请参阅［SPA 06］。

不同道德体系的形式以及形式与价值观的关系，在两者之间建立一个明确的划分。

因此，为避免发生不稳定的风险，就必须避免各种主观影响而保留形式纯正的法律。从康德开始的这个假设，即法律是道德的一部分，必须加以拒绝，因为为了使法律有效，它应该关注法律的内容而不是形式。道德与法律的不同之处不在于他们命令或禁止什么，而在于他们如何执行或禁止［KEL 05，p.62］。显然，凯尔森试图指出的是："如果一个法律体系被判断为道德或不道德、正义或不正义，这些评估就表达了法律秩序与许多可能的道德体系之一的关系，而不是与'道德'的关系，因此仅构成相对而非绝对的判断。"而且，"积极法律秩序的有效性不取决于它是否符合某种道德体系"［KEL 05，pp.66–67］。

凯尔森指出，道德体系是不具有稳定性的，除非它们来自宗教信仰——这是一种不符合科学标准的选择——因此任何道德体系都必须被视为相对的，因此其评价标准是不固定不唯一的，但是，这些标准又都是不科学的，将道德判断应用于科学学科不能确定其认识的正确性。"这样的评估标准根本无法通过科学认知找到。但这并不意味着没有这样的标准，每个道德体系都可以照此行事。但人们必须意识到，在从道德的角度判断一个积极的法律制度时……评价标准是相对的，不排除基于不同道德体系的评价；此外在一种道德体系内被评价为不公正的法律秩序，很可能在另一种道德体系内被评价为公正的。"

而且，道德不能与法律重合，因此"即使与道德秩序不一致，法律规范也可能被认为是有效的"［KEL 05，p.68］。

他暗示了道德辩护背后的政治原因："实在法的这种辩护可

能在政治上是方便的，尽管在逻辑上是不可接受的。"［KEL 05，p.69］

凯尔森的目的是提供一个立场，以此来证明法律的合理性，同时批判法律。如果法律可以不受政治和道德的影响，那么这种制度提高正义水平的可能性就更高。因此，如果要根据道德规则，即主观外部因素来评判法律，就不能认为它是客观和稳定的，这是法律系统响应其自身目的的两个基本标准。

然而，尽管法律的目的不是教授任何东西，而只是命令（或授权或允许），但法律规范和道德规范具有相似的方法和目标。

从道德和法律之间的这种强有力的界限中产生了（只有《纯粹的法律理论》的第三部分）自由和因果关系的定义，这为"归罪"和"责任"的概念奠定了基础。

通过严格的形式主义来保护法律不受专制主义影响的必要性，也指导着用来定义法律和科学关系的逻辑推理。同样在这方面，凯尔森强调，我们要么否认自然科学可以与人文科学区分开来，要么就需要承认它们是一致的。然而，在第二种情况下，我们将无法接受任何规范性，这意味着我们无法检测到任何自由。"只有将社会理解为人类行为的规范秩序，才能将社会理解为与自然因果秩序不同的对象，社会科学才能与自然科学相对立。只有法律是相互行为的规范秩序，才能区别于自然界，作为一种社会现象；只有这样，作为社会科学的法学才能区别于自然科学。"［KEL 05，p.76］

正是这种逻辑上的划分，使他把归罪理解为只是属于一种规范的秩序。归责标准类似但不同于因果关系标准。归责标准类似于自然科学中所采用的原则，因此两种状态之间的联系是必要的。然而，相似之外，二者又是不同的，因为自然科学是建立在"是"之上的，而法律是建立在"应该"之上的。主要的不同之处在于，法律虽然具有强制性，但原则上是可以作出选择的。从这个意义上说，法律是建立在自由的基础上的，"应该"总是作为一种逻辑和实践的可能性嵌入其中。自然是纯粹必然的领域，不能被设想任何自由。

因此，在凯尔森的归责理论的基础上，我们发现归责（规范）和因果关系（必要）之间存在明显的二分法。然而，正如凯尔森所表明的那样，在过去的社会中，这种区别并不总是那么鲜明。在他对原因和归责的分析中，凯尔森假设因果关系的采用来自惩罚原则 ［KEL 41，KEL 05，第 3 章］。他在描述"原始人"和希腊人总体上具有因果性和自然性的道德（和经济）关系时，突出了当时被普遍认同的一个一般心理公式：如果"a"是，那么"b"是（或将会）。这个框架包括所有事件作为因果关系和人为干涉的交织，以致希腊语中的原因（aitia）这个词意味着有罪。

凯尔森认为，科学的解放使得区分自然因果关系和规范自由成为可能，但还不够，因为社会科学和自然科学中仍然存在巨大的混乱。因此，凯尔森考察了这两个原则之间的两个关键区别，即归责原则和因果关系原则。首先，归责是一种规范关系，其中因果关系是通过人为规范来建立的。因果关系与人的干涉无关。其次，归因链的原因和结果的数量是有限的，并最终明确定义，而因果链在时间和空间上是无限的。"第一因（因果关系）的假设——类似于推定链中的终点——与因果关系的概念不相容，或者，无论如何，与经典物理定律中表达的因果关系的概念不相容"。"作为上帝的创造性意志或人的自由意志，在宗教形而上学中起决定性作用的第一因的观念，同样是原始思维的残余，其中因果关系原则尚未从归罪原则中解放出来"。[KEL 05，p.91]

凯尔森非常了解康德的理论，他对神学秩序的暗示证明了这一点。必然性和自由这两个原则之间的区别，并没有出现在宗教形而上学世界观的框架内，在这种世界观里，因果是由造物主的意志联系在一起的。

然而，这种因果性和规范性之间的二元论，或者更确切地说，因果关系和自由之间的二元论，并不是一个无法解决的、永久的冲突。这两种秩序实际上可以重叠，而且在某程度上是联系在一起的，因为规范根据人类所受制的这种因果关系来强加行为。正是这种因果关系总是被法律和道德秩序所考虑，并试图提供引导它的手段。凯尔森并不认为自由意志或自由是因果过程相对立的，因为对他来说，这是一个从常识发展而来的错误观点。对于凯尔森来说，规范是可能的，不是因为反对因果关系的自由条件，而是因为人被困在因果关系中，只有通过规范，他才能以一种社会的方式行事，即他可以是自由的。只有当人们遵守法律时，才有可能获得自由才能进行归罪。正如凯尔森明确指出的那样："人们不会因为一个人是自由的而对他的行为进行制裁，而是因为对他的行为进行了制裁，所以这个人是自由的"[KEL 05，p.98]。

此外，归罪被认为是对代理人的制裁，除了这种惩罚所表达的法律外，没有其他意义。这意味着凯尔森坚决否认所有道德上的归罪性。"因此，归罪并不是某个行为与如此行为的个体之间的联系——正如传统理论所假设的那样……隐含在责任概念中的归罪是某种行为，即不法行为与制裁之间的联系"
［KEL 05，p.81］。

因此，在概念理解上，责任与这种归罪论，并没什么不同。
对于凯尔森来说，责任并不具有不同的含义，但这是表达代理
人受制裁的司法能力的另一个术语。换句话说，凯尔森把他的
理论责任作为一个"新词"加以介绍，这个"新词"与可归责
性有关，但不是"新概念"。事实上，凯尔森解释说："一个人
对自己的行为负责意味着他的行为会受到惩罚，而且他是不负
责任的，或者说是没有责任的，这意味着他也可能因为同样的
行为——因为他是一个未成年人或者疯子——不会受到惩罚"
［KEL 05，p.81］。

在现实中，凯尔森的观念保留了康德实践理性中的先验的自
由条件。由此，凯尔森认为责任是种使代理人能更理解、"应当"
并且会遵守规范的认知能力，不同的是，在这里，必须遵循这些
规范并不是基于道德的必要性，而是法律规定的强制性。凯尔森
所采用的描述法与康德的方法论相似，但不能将因果关系视为与
道德自由的混合。归责是必要的法律联系，责任界定了归责所产
生的制裁的适用范围。

按照这个思路，凯尔森还会在确定责任（libility）的标准这
方面有新的作为。责任（libility）和法律责任（legal responsibility）
可以但不一定会同时发生，因为责任可以确定犯罪主体，而法律
责任也表示与犯罪分子的关系，并为意向行为敞开大门。

这一点使我们重新认识并且加深了对代理人认知能力的理
解，并将其与每个司法秩序基础上的认可联系起来。

事实上，强调责任的主观立场与承认一个人具有理性能力及

其产生的意志密切相关。只有符合法定秩序的人才可以做一些违法的事——只有法律赋予他们这样做的可能性时［KEL 05，p.146］。凯尔森在这里将传统理论中，在交易中体现的简单的正当行为能力，与违法行为能力进行了区分。然而，他强调前者是一个重要的特征，因为它为一个主体打开了对规范的发展或创造作出贡献的可能性，以修改法律秩序本身。"采取行动的能力主要是进行法律交易的能力；但行动能力也意味着'影响法律诉讼或上诉的司法程序的能力'"［KEL 05，p.147］。这种行为的能力被认为是活跃的，因为它不仅被允许为司法领域的一部分，也可以塑造它。契约是一种主观意义为"应该"的行为。因此，具有政治秩序特征的法律秩序，使主体有可能根据法律的客观的结构本身，将其主观立场引入法律社会。"以一般规范授权个人订立合同的法律秩序，将交易的主观意义提升为一个目标。"［KEL 05，pp.147-148］

在本文与凯尔森的观点中，我们发现在自然世界与规范维度之间存在明显的二分思想。凯尔森建立在先验规范基础上的法律，随后沿着这一界限发展，以界定可归罪性和自由的可能性。责任只由规范产生，因此只与人类有关。想在自然事件中违反常规的行为是没有意义的。这是因为自由不存在于自然之中，凯尔森认为，一个人必须通过规范秩序将自己从自然维度中解放出来，才能达到自由。

在凯尔森的构想中，我们需要强调两个主要方面。

第一个是自然世界与自由王国之间的区别。自然世界是由人类所受到的必然性和因果性所驱动的。为了从因果性中解放出来，个人坚持法律秩序，通过有行动能力而存在。这被法律秩序承认为主体理解嵌入在该秩序中的规范的能力。法律领域使个人自由，因为它允许他们根据因果关系行动，而这种因果关系本来会限制他们。法律秩序中的成员所获得的这种自由，由于法律秩序偶然通过交易中的客观规范来表达主观特征而获得了实际意义上的体现。

第二个方面是，法律秩序中个人之间的这种关系不是建立在断言制度有效性或个人道德罪责的道德特征之上的。这些方面需要被排除在法律秩序之外，因为它们是出于主观和意识形态的尝试，以可能客观的方式证明单一观点的合理性［KEL 05，p.106］。法律是被建立起来的，它自身也正发展，它的技术规范虽然有可能与道德规范相重叠，但二者之间没有必然联系。

在这个框架中，凯尔森定义了归罪、法律责任和责任。这些标准表达了对违反法律并因此受到惩罚的个人进行技术性起诉的细微差别的表现。

在这一发展过程中，我看到了两个重要的点。第一个，"责任"这个概念是以代理人意图犯罪为前提。尽管归属于一个认知维度，它已经强调了必要性，代理人是如此的自由，以至于他的理智对他产生了影响。通过这种方式，凯尔森也将责任和归责与自由联系起来，这可能因为法律秩序允许个人成为社会团体的一部分。这种承认是相互的，是个人成为一个合法的代理人，从而获得自由的基础。只有自由才是产生责任的前提。此外，自由不仅仅是一种法律身份，它还通过行动能力表达和实现，行为能力意味着交易中按照法律秩序行事的能力。这是因为哈特创造了二级标准规范，使一级标准规范合法化。

因此不难发现，责任与自由的联系在凯尔森的理论中表现得十分强烈。不难发现，这种解释源自对康德思想的理解，但同时也让"责任"不受道德的影响。

这是凯尔森已经强调但无法深入定义的第二点。考虑到道德概念中蕴含的多元性，罪责的道德分配不能被视为共识。凯尔森至少在他著作的第一版中已经说明，这种多元主义会造成不合法的道德困境或意识形态的剥削。凯尔森区分了法律规范的有效性、公正性和合理性，并指出至少在很大程度上对法律规范的共识和采纳不会破坏规范的有效性［KEL 05，p. 68］。而原因是凯尔森关心的正是法律的政治用法，以证明个人意识形态的合理性。他对其理论的发展和辩护是为了保护自由和责任免受政治因素的干扰。我相信凯尔森完全理解为了政治目的而非法使用道德的危险。他还看到，避免主观主张的意识形态客观化的解决办法，是通过确保辩证法的程序基础，使客观的一面不受主观内容的影响。当然，他必须设想主观对客观结构的贡献，但这只能通过一种纯粹的程序和技术方式发展。最后，凯尔森通过相互承认的方式将个人自由的可能性锚定在客观的基础上，从而强化了他们的关系。

然而，除了这个理论构建的缺陷之外［PAU 92，PAU 99］，凯尔森的理论对于可以服务于我们的目的的责任概念的限制，在将客观结构确定为一个先于主体的过程中是显而易见的。它所结束的空洞的形式主义并不能使我们完全同意这种责任的观点。这种对法律的理解尽管想要保护它免受历史工具化的束缚，但却最终使法律成为自己的受害者和绝对主义。不仅难以理解一个规范体系如何可能被一个理性社会所拒绝，这是一个我们不想涉及的合乎逻辑的问题，但是把法律缩减为一个正式的文书，这就剥夺了它识别和联结其他领域的功能。其结果是，我们获得了一个司法体系，但可能与其所嵌入的社会环境有所不同。如果法律只根据形式标准加以辩护，与其所在的社会没有任何联系，而责任只是负责任的心理条件，那么我们所获得的责任概念是不足以实现其解决问题的效力的。如果说辩护只是形式上的，排除了活的世界，那么责任只是形式上可操作的认知能力。危险的结果是，不仅会把空洞的理性作为法律的参考标准，还会作为责任以及自由的参照标准。此外，这种理解并没有告诉我们如何利用研究和创新领域的责任概念。虽然我们需要理解并保留凯尔森提供的关键见解，但因为主观贡献不仅仅是客观过程存在的偶然，这些观点也必须重新表述。

到目前为止，我们已经理解了利科关于凯尔森的方法论如何利用康德的第二批判［RIC 00］的困惑。可归责性的概念坚持法律和形式的概念化，而不是任何价值判断或自由自发性。因果关系是人类受到影响和陷害的过程，但实证法可以解放他们。凯尔森作出的这种明确的划分使科学，特别是自然科学，与规范指导因素的社会分离。不难看出，这种理解如何保留在康德的第二批判中，失去了自由自发行为的可能性。此外，它清楚地指向追求由两种不同逻辑调节的社会的二元论观点，除了相互冲突或强加于对方之外，它们不能相互作用。在凯尔森著作中，自由被理解为脱离自然过程自由，这并不奇怪，但这不能帮助我们解决科学与社会冲突中的问题。

鉴于这位奥地利法学家在整个 20 世纪对社会科学的强大影响，司法实证主义和凯尔森的思想对责任理解的发展起了基础性

的作用 ①。那么，责任被认为是某种程度上的不情愿，是研究和创新发展的一种障碍或阻碍，这并非偶然。此外，如果责任只涉及与法律有关的认知方面归责，对于每一个发生的创新，我们只需要尊重当前法律规范，以便能够确认我们已经负责任地行事。但是正如利科所强调的那样，在解决由于法律上尚未存在的因素、产品或过程而产生的法外可能性问题方面，并没有发生很大的变化。而且，这种法律、道德和社会之间的显著区别产生了一种并行关系，就好像不同维度之间的每一种关系都应该被视为干涉。

法律责任的兴起将在类似的理论框架下以不同的方式得到发展，这由最具影响力的法律哲学家哈特提出。哈特对责任的分析是基础性的，因为他扩展了凯尔森的理解，更准确地定义了责任概念的所有理解方式。

哈特的细致研究在准确性和客观性上是值得赞扬的。哈特给我们提供了一个责任的描述，特别是在刑法中可以挑战几个复杂和棘手的问题 ②。

哈特试图回应同时出现的对实证主义的批评：第一，一个与道德假设脱钩的绝对实证的法律体系是无效的，或者是不符合其自身的目的，即保证个人之间的最低限度的正义。第二，虽然有时批评是相关的，但还是指出法律必须总是预先假定某种道德有效性，即使它是隐含的或在元层面上。

哈特非常清楚这些问题，并试图通过概念化来克服它们，尽管它没有停止以道德为基础，但它承认自己的决定作用。"每一

---

① 乔治·亨利克·冯·赖特（Georg Henrik von Wright）比较了凯尔森和韦伯，指出他们是"对本世纪[……]影响最深的两位社会科学家"[WRI 85]。
② 有关这些方面的概要，请参阅[HAR 08]简介。

个现代国家的法律都在千千万万处体现着社会道德和更广泛的道德理想的影响。没有'实证主义者'可以否认这些是事实，或者是法律制度的稳定性在某种程度上依赖于这种与道德的对应关系"。[HAR 94，pp.203-204]

哈特定义了法律的有效性和有效性需要拥有的权威。哈特的这种权威是在强制系统认可并被至少一部分成员"内在地"接受时获得的。"没有他们的自愿合作，从而创造了权威，法律的强制力就无法建立"[HAR 94，p.201]。他承认，这可能导致一种情形，即法律用来"压制和维持一个永远处于劣势地位的主体群体"[HAR 94，p.201]。然而，一个法律制度"是一种社会现象"，它总是表现出两个方面，如果我们从现实出发，那么就必须关注这两个方面。它包括自愿接受规则的态度和行为，也包括单纯的服从或默认的更简单的态度和行为 [HAR 94，p.201]。从认识的两个层次上来说，这是可以被确认的。在第一个层次，我们发现为了规范与正义而对个人进行直接约束的法律和法规。在第二个层面上的法律法规是为了保证第一层次法律法规的正当性。次级规则可能与基本规则处于不同的层次，因为它们都是关于这些规则的；从这个意义上讲，虽然主要规则与个人必须或不必执行的行为有关，但这些次要规则都与基本规则本身有关。它们规定了基本规则最终确定、引入、取消、改变的方式，以及最终确定违反这些规则的事实。哈特还认为，政府官员对规范认同以及确认标准的有效性的内在视角是法律体系的存在所必需的。对公民的所有要求是，他们通常遵守根据认可规则具有法律效力的基本规则。而对所有公民的要求就是普遍遵守他们承认的具有法律效力的基本规范。

规划或法律的道德性对社会制度的接受度和稳定性起着决定性的作用，但哈特认为，这并不能定义法律制度的必然有效性。因为，在道德和法律之间建立必要联系，存在着"该系统是为了满足占统治地位群体利益的风险"［HAR 94，p.202］，然而，"许多这样的断言，无论是没有搞清楚法律与道德之间的联系是必须的，还是经过检验得出二者都是真实和重要的，都会带来表述道德与法律必然联系的困惑"［HAR 94，p.202］。正如我们所说，哈特在几个方面都承认道德的贡献是不可低估的，但这并不是法律有效性的必要条件。哈特列举了一系列反对对法律做"非道德（immoral）"理解的意见，并否定了它们。他最后指出，这些意见必然交织在一起，并将在危急关头阻碍我们理解这些领域的复杂性。"法律的概念，要能将法律的无效性与法律的非道德性区分开，使我们看到这些独立问题的复杂性和多样性；而一个狭隘的法律概念否定了不公正规则的法律效力，可能使我们对不公正规则视而不见"［HAR 94，p.211］。

但毕竟在所有司法裁决上都讲究法不容情，这也表明道德和法律之间的关系不能用科学的方式来证明。正如边沁所言："道德命令每个人做一切对社会和个人有利的事情。不过，有很多对社会有用的行为，是法律不允许的。也有许多有害的行为，法律没有禁止，但会受到道德的谴责。总之，立法与道德应具有相同的核心，但却不会有相同的边界"［BEN 48，第12章］。

但是，哈特强烈地指出规则的内在化以及规则具有社会情境的事实。一些评论家指出哈特法观所依据的概念本身的道德性，并强调认可是如何成为"法律规范的最终来源"的［DWO 85，p.170］。

由于对司法实证主义的温和理解，哈特能够解决与责任和惩罚有关的技术性问题。在 1968 年的文本中，这位英国法学家处理了围绕着法律的有效性和违法性的不同解释和接受度问题。

哈特随即定义了确定行为人责任可能性的标准。他以否定性的定义为基础，指出法律规定个人的惩罚责任取决于特定的"精神状况"［HAR 08，p.28］。对于哈特来说，当没有什么障碍导致了代理人的鲁莽行为时，就可以确定行为者是按照"自由意志""自己的""自愿"的行动主体［HAR 08，p.28］。哈特采用司法经验主义来描述惩罚和责任的基础，使他既不能从超验的角度，也不能从政治影响的角度去阐明行动者的能力，而只能根据哈特自己定义的"心理"视角去理解。正如凯尔森先前所强调的那样，只有当行为者能够理解规范及效果时，责任才是可能的。这种将行为的基本标准认定为意志的实现的做法，被称为犯罪意图（mensrea）。尽管多年来这一标准的含义有多种变化，但是所有犯罪意图的共同特征是"自愿从事由刑法禁止的不道德的行为"［HAR 08，p.36］。然而，哈特在这种自愿性中发现了令人困惑的问题，并试图澄清意志的概念。意志经常与道德意志相混淆，后者会对自愿做出道德错误行为的代理人加以责备。因而，哈特从反面指出，意志和犯罪意图必须被限制在一个认识论的维度。哈特将内在事实描述为责任的必要条件，这是制度有效运行必须满足的条件。但是，哈特的这些内在事实不可能是道德品格，而是心理品格。犯罪意图不能与道德标准混同，对哈特而言，道德标准并不能代表一种可以确定法律责任客观理由的必要条件，犯罪意图不能被认为是一种道德倾向，尽管犯罪意图很可能是由于道德情况决定的。

哈特的意图是强调在法律基础上的目标，哈特的意图是要强调通过引入犯罪意图而在法律基础上实现的目标。这样，他也可以理解责任在法律体系中的作用。事实上，尽管对犯罪意图（控制一个人身体运动的能力，暂时的或长期的机能障碍）的解释各不相同，哈特仍然强调了引用这一标准的必要性，以及考察它的缺失的原因，以便能够讨论责任问题。缺乏这样的参考标准将导致哈特所指的"社会保健学（social hygiene）"的情形，即未来结果被限定在先验的标准，或严格的责任内，也就是说每一个违反法律的行为都必须受到惩罚。哈特对这两种立场的批评性质不同，但假定了一个主要的反对意见，指责他们破坏法律制度的基本作用，即保障自由。正如哈特所强调的，通常促使法律系统将行为动机作为责任基础的原因是它能够引导个人行为，这些行为代表了行为者在动机驱动下进行选择的原因和可能［HAR 08，p.40］。在这个意义上，责任必须考虑到自由裁量和解释标准，但总是在认知意义上。"因此，责任原则的主要辩护可以基于这样一个简单的想法，即除非一个人有能力和公平的机会调整其行为以适应法律，否则惩罚不应适用于他"［HAR 08，p.181］。

　　以民法为例，哈特展示了在司法制度范围内是如何实现个人偏好的。这些结论被凯尔森作为个人偏好转化为客观体系的媒介进行了分析，现在哈特将其作为实现自由的工具提出来［HAR 08，p.45］。因此，犯罪意图所规范的交易，通过界定行为人的认知意志，也明确了行为人的责任。"这些制度（交易）为个人提供了两种与他们所涵盖的行为领域相关的不可估量的优势"。其中包括：（1）优势在于通过个人选择来决定未来；（2）优势在于能够预测未来会是什么样的［HAR 08，p.45］。尽管哈特把理性主义作为他的社会概念的基础，但他还是在几个部分强调了人的（犯罪）意图是如何履行一种精确和基本的社会功能，即保护个人不受社会要求的影响。

综上所述，哈特希望强调法律尊重其保护个人自由的功能的必要性。衡量犯罪意图的标准可以不同，但它们都必须蕴含着这样一个事实，即法律"尊重个人的权利，或者至少尊重个人的选择权"［HAR 08，p.49］。与凯尔森类似，哈特认为，为了逃避一系列逻辑和实践上的困难，犯罪意图的落脚点不能是道德。对于哈特来说，潜在的犯罪可能不会受到惩罚，也缺乏道德上的谴责，这是个明显的概念错误。换言之，道德缺失与否不能成为免于惩罚的理由与借口，而是作为一种可能的选择能力。哈特不同意奥斯汀和其他思想家将道德意志视为基本要素的观点，也不赞同那些在理想法律和现实法律之间造成距离的观点［HAR 08，p.90 ff.］。

这一观点的技术性保护我们免于责任的道德理解，将意志与其认知前提联系起来。哈特的目标首先是强调法律，不仅是意志的存在，而且是行使同样意志的条件，即理解和遵循法律的心理能力。这个意志肯定会代表理解和评估责任概念的标准，但是对于哈特来说，这是一系列能力和可能性的结果，这是司法系统必须预先假定的，而不是从道德层面提出的。

尽管我们推断哈特从三个不同的角度概括了对法律的批评，但这位英国法学家强调有必要将责任标准理解为不同于严格法律责任的标准。从这三个角度来看，无论是惩罚的角度（用一些本质上是报应的等价的痛苦来报复道德上的邪恶），还是威慑或道德的角度，责任都被认为是对作出选择的理由和可能性的审查。

因此，可以说一个行为所依据的假设，即使不能根据道德标准来判断，也必须是一种选择的结果，至少在一定程度上是这样。

一方面，这澄清了如何将有关惩罚和管制的方面解释为保证代理人消极自由的工具，这意味着它不包含道德观点。然而，另一方面，对责任的不同理解的区分仍然太模糊，无法适用于所有潜在的应用。直到后来，哈特才感到有必要区分所有不同的关于责任接受的理论。

为了回应这些责疑，哈特紧接着编写了一个后记，他想分析所有被接受的责任观念的差异，并牢记犯罪意图这个标准。[HAR 08]

在他著名文章中，哈特区分了责任的四个维度：

（1）由社会角色确定的责任；

（2）作为因果关系中的责任；

（3）法律中的责任；

（4）作为一种能力的责任。

在对第一个维度进行诠释时，哈特给出了有关船长的例子。这里，哈特对义务和责任进行了重要的区分。前者包含更具体的任务或短期的任务。因此，只有当某项行动需要及时持久的关怀和关注时，责任才能归于其中。"我认为，尽管我不确定与角色相关的被作为责任单列出来的那些义务之间的区别是什么，但定义为责任的义务，是一个相当广泛与复杂的需要对其进行长时间关注的义务范畴，而在特定场合是否发生的简单的短期义务则不需要定义为责任"[HAR 08，p.213]。哈特并不完全确定将时间标准作为区分责任与义务的关键因素，对此，我也同样持怀疑态度，因为从复杂性或时间长短来区分责任和义务是具有误导性的。这样的话，我们就有可能再次陷入哈特一直试图避免的自由裁量的境地。此外，时间延展也不能作为一个稳定的判断标准，因为时间延展排除了在有限的时间间隔内根据承担的角色所作的一系列决策。在我看来，除去发现责任的可能性，责任的主要特征似乎是自由的缺失，至少在原则上，这是责任的特征［GOO 95］。然而，日常使用"义务"一词确实会引起一些歧义，因为我们经常将义务的概念与道德义务（康德意义上的）联系起来，而道德义务也以自由为前提。

关于责任的第二个维度，有关因果关系中的责任，行为者被认为是单纯与物质原因相关，而没有与之相关的道德判断。在这种情况下，哈特还运用了一种时间标准来暗示区分活人和死人的重要性。

第三个维度，法律范围内的责任，这需要更广泛和细致的分析。如果是在共同的语境中，法律范围的责任与通常意义上的责任是一样的，当然，我们要讨论的是不同语境中的不同含义。对于哈特来说，"一个人对自己的行为或所做的某些行为或造成的伤害负责的命题，通常在含义上不同于他可能受到惩罚或被要求为该行为或损害支付赔偿的命题，而是针对一个更狭窄和更具体的问题"［HAR 08，p.217］。在这种情况下，责任仅从纯粹的心理因素定义了必须满足的必要条件，以使此人被认为是负责任的。哈特将法律上的责任定义为与责任相区别的三个类别：精神状况，行为者与行动之间的联系，以及行为者之间的关系。精神状况让人想起了人的责任问题，与哈特提出的责任的第四个维度，即能力责任混淆在一起。责任的含义是由两种西方司法传统以不同的方式构想的。英国法律不区分行为者的一般行为能力和与特定行为有关的意图，而这一区别在大陆传统中相当明显。

然而，考虑到具体知识往往是更加通用的能力的结果，似乎很难区分这两个方面。此外，有必要更好地说明哈特本人是否只考虑心理—物理条件，甚至更多的结构性关系。正如我们将看到的，哈特经常强调的这一方面在责任的定义中起着重要的作用。

同样对哈特来说，正如凯尔森所指出的那样，法律责任—义务和道德谴责之间的区别代表了法律机制的一个关键部分。这两个方面不能被视为一种必然的关系。"法律责任与道德可谴责性的巧合可能是一个值得称赞的理想，但它不是一个必然真理，甚至不是一个既成事实"〔HAR 08，p.223〕。

道德领域中的责任与作为法律责任之间的关系揭示了刑法中的关系。出于这个原因，哈特进行了类比，强调了同样的形式标准对这两个领域都具有潜在适用性。"因此，在法律和道德案件中，责任标准似乎仅限于控制行为所涉及的心理因素，一个行为及其造成的伤害之间的因果关系或其他联系，以及由于一些特定标准的差异而产生的法律和道德责任之间的关系"〔HAR 08，p.226〕。道德责任和法律责任之间的差异在于与其各自目标相关的辩护的内容和方式不同。

因此，根据适用领域和与之相关的规则，可以清楚地区分责任。责任，虽然回应相同的形式标准，即行动可能性的条件，却在道德和法律领域找到了不同的应用。这一点将责任与法律责任区分开来，在法律责任方面，我们必须对惩罚本身有更广泛的理解。法律规则，或部分法律规则，回答了这些问题，定义了各种形式的联系，而这些联系足以构成法律责任。"法律规则规定的法律责任条件只构成惩罚责任所有条件的一部分，因为它还包括各种罪行的定义"〔HAR 08，p.222〕。然而，责任的最后一个维度再次澄清了责任的核心思想也许是永久地阐明了。

作为一种能力的责任，正如强调的那样，不能被理解为几个含义中的一个，但它是责任的激活机制。对于哈特来说，围绕责任的争论相当于理解当行为者发生违法行为时是否存在一系列能力。他的想法是，只有当这些能力可以追溯时，才能确定责任。然而，这些能力到底是由什么组成的，这是一个哈特始终在思考并且没能明确解释的问题。

在这篇文章中，哈特扩大了责任的范围，他继承了康德哲学以及随之而兴起的自由主义，将责任理解为归罪。

总而言之，哈特在凯尔森思想的基础上更注重处理道德的角色和社会影响。哈特采用认可秩序和社会角色作为个人自由的保障，在责任和惩罚标准的界定上取得了进步。哈特在抨击法律合法性所必需的道德方面也比凯尔森谨慎得多。通过对职能人员的失职分析，他承认引入法律的有效性，但他并没有将这一点推广到一般的社会，而是只在有限的、基本的人员数量中有所推广。通过这种方式，哈特成功提出一种体现强制性的法律与自由主体之间的责任概念，在法律基础上强调要以自由为首要目标。

对于哈特来说，行为者必须能够遵守法律，在法律规定的范围内行动，在法律保障允许的行动空间内预见其行动的后果。对哈特来说，法律只不过是一种可能性和必要性，它保护个人不受社会要求的侵害，使他成为一个能够自由选择的主体。这种自由当然是指心理学上的自由，但这是因为它是以新康德主义和实证主义的法律理解为框架的。根据这些条款，只有行为者的理性才能使他作为法律主体获得自由。

显然，哈特没有向我们提供任何超出法律领域的责任内容。甚至他在道德领域的评言也经常被解释为法理主义①。

然而，哈特似乎考虑的不仅是消极的自由，即形式意义上的法律自由。哈特认为有必要为自己辩护，因为有人提出质疑，认为他实际上主张的只是形式上的自由，并排除了关于自由的其他重要理解［HAR 08，p.35 ff.；NOR 91，p.154 ff.］。这一反对意见对整个法治提出了质疑，强调实证主义"只是一种形式自由，而不是真正的自由，并让人自由地挨饿"［HAR 08，p.51］。我认为这种解释无论多么普遍，也不是完全正确的。哈特对道德的开放态度产生了一种对司法自由的理解，这不仅仅是为了界定其自身。相反，我相信这个空间所保证的自由有助于形成个体的独特性。这不是孤立主义的观点，而是司法自由和行为者将自己置于与其他行为者之间的积极关系中的持续辩证关系。

这里出现的自由是规划所需的自由，从而能够在社会背景中表达我们的主体性。尽管被限制在法律界限之内，自由似乎已经揭示了它与一种具有反思性的道德自由的联系。就法律而言，如果有改变其存在的可能，那么确定其有效性的认可（尽管是部分的）就是现实的；提供一个可以行使关键能力的空间也是极为必要的。

因此，尽管哈特无法从司法层面预判道德责任，但他提出了一些非常宝贵的见解。法律并不完全认可的独立因素或评价，也揭示了外部现实如何引导我们理解法律是如何保证一个自由的空间的，在这个空间里，行为者可以思考与法律本身没有密切联系

---

① 见前言［HAR 08］，请参阅［HAR 08］简介。

的问题。从这个意义上说，法律必须认识到自由是实现自身利益的可能性条件，即法律自由与道德自由高度相关。

在没有对哈特结构中对道德开放的潜在逻辑断裂进行更复杂分析的情况下，可以说，将司法责任确定为理解规范的能力，为司法自由和反思自由之间的理性辩证法打开了空间。无论哈特多么想强调它的非必然性的模棱两可，哈特预设的理性方法都将揭示法律和反思自由之间的紧密联系。

凯尔森反复强制性方面的重要性，以及客观相对于主观的本体论优先性。哈特为了避免招致与凯尔森同样的批评，最终对这个问题做出了超出实证主义的所能容忍的让步。

因为对道德的开放，哈特落入了主观性的陷阱。因此，尽管哈特希望将他的责任概念限制在理性认识的维度上，但他与此同时也打开了一条超越这一维度的责任概念的道路。

哈特再次向我们展示了责任概念是如何建立在一个相应的自由标准的基础上的，而责任是用来保护自由的。对这位英国法学家来说，自由已经在认知条件的存在下得以实现，但它并没有损害法律责任的主要目标，即保证行为者可以在其中发展自己的偏好、利益和欲望。交易合作就是这一基本思想的例证，其中，多元主体，即两个行为者之间的关系，是通过一种工具来调节的，这种工具的目的不是保证彼此孤立，而是保证在实现自己的独特性时共同参与。责任的概念性力量必须超越法律的刚性界限，走向社会互动的不确定领域，法律责任仅代表几个重要的制度机制之一。正如哈特所理解的，责任概念并不是一维的，他发展出了混合和重叠的多个维度。因此，毫不奇怪的是，哈特自己在分析责任的角色时，考虑到一个行为者的责任所必需的可能性条件，不可能仅限于简单的心理—生理能力，相反，需要包括理解和运用准则所必需的所有对话和主体间活动（"公平机会"）。"这样一种教义［……］不仅为法律在其理论中承认的大多数现有理由提供了理论依据，而且它也可以作为一个关键原则，要求比法律更多的条件"［HAR 08，p.181］。这对哈特来说是根本性的，以便能够预见未来，从而最大限度地获得自由［HAR 08，pp.181–182］。

在凯尔森和哈特的观点中，责任意味着存在形式上的前提条件，主要是心理特征，通过这些前提条件，可以对行为者与其行为之间的关系作出判断，从而最大限度地提高个人自由。

然而，虽然凯尔森和哈特激发了目前大多数对责任的理解，但他们都不想穷尽一个已经在他们的理解中要求更多的责任概念。然而，只能代表一个基本方面或责任的法律并不能涵盖其全部意义。哈特对责任的分析需要将其一词多义化为一系列司法或正式的可能性。哈特和凯尔森所做的退让所要达到的目标是保护法律不受道德的操纵，从根本上保护法律不受政治的影响。此外，从逻辑的观点来看，有必要通过分析自由的形式和客观方面来区分方法论和最重要的内容。正是在这个框架下，我们需要设想两位法学家所做的有关责任扩展的工作。

这些理论主要侧重于法律方面，所以除了在文献中隐约提及，还不能同时考虑到对责任的诸多理解。两位作者的论证是为了界定法律责任而大量使用责任一词，因此行为者与其行为的消极和追溯关系有助于解决这方面问题。

事实上，我们发现这个术语的几种概念化方法，会让人想起实证主义的见解，并不是偶然的。例如，尼科尔·文森特所作的有意义的贡献，试图创造出一幅不同理解的构图。回顾哈特的解释，文森特列出了在当前情况下可察觉到的六种不同的责任理解。文森特认为，"能力、因果关系、角色、结果、美德和法律"穷尽了对责任的可能区分，向我们展示了责任不仅是一个法律术语，而且是一个复杂的问题。

伊波·范德普尔也尝试了责任含义分类的复杂操作，以解决棘手的问题［VIN 12a］。范德普尔在责任的概念上增加了两种理解，并试图引入一个总体参考。根据他的观点，链接功能可以在责任所揭示的时间性中被检测出来，并且可以分为向后和向前两种类型。这两种类型改变了个人的倾向，并标志着作为道德/法律判断的责任和作为关怀的责任之间的距离。

他们两个人的尝试，在分析深度上都是宝贵的，完全站在凯尔森和哈特概念化的水平上。文森特和范德普尔都为我们提供了责任在道德和司法意义上的精确描述。

回顾这两个概念的根源，凯尔森的严格客观性和哈特对道德的让步，使我们能够注意到自由和责任在反思方面的重要性。我们还可以强调两位作者揭示的另一个方面。凯尔森和哈特的分析的目的是发展一种法律和责任的概念，这种概念可以安全地避免通过道德手段进行的政治操纵。但这表明这种风险是具体的，这意味着当提到"责任"一词时，我们需要注意与之相伴的政治领域。责任的政治运用的确切含义我们可以在另一种理论中找到迹象，那就是弗朗索瓦·埃瓦尔德的理论。

2.3 | 责任的攻治含义

如果凯尔森以及哈特的纯粹法理论，都表达了一种旨在描述法律系统的性质、作用和功能的法律科学，弗朗索瓦·埃瓦尔德的分析则阐述了责任的另一个常常被低估的方面，政治和经济。

为了再次强调自由在责任方面的作用，有必要简要地考虑一下法律、道德和社会在责任方面的关系的另一个例子。这将带给我们完全不同的结果，我们将能够重新定义责任的概念。

埃瓦尔德试图准确地解读那些被实证主义所回避的由历史给定的并被政治、经济方面所决定的实质性问题。在这个意义上，根据埃瓦尔德的观点，责任是一个体现特定政治概念的术语，目的是利用法律本身来实现一个精确的世界概念（世界观）。这位法国学者对 19 世纪和 20 世纪的政治理性如何与所有旨在提供合法性和有效性的工具和概念一起实现自身进行了重构。

实际上，对于埃瓦尔德来说，法律恰恰是一种由政府调控的用以主导政治理性的工具手段。他认为，法律由两个公用事业组成。第一个是教条式的"能够对由法律实践带来的问题提出严谨的解决方案"［EWA 86，p.90］。但在这第一个之后，我们总会发现另一个是具有攻治性的，它弥合了正义和规范的公正性之间的差距。"事实是，解决方案可以在理论框架中推断出来，并不妨碍实践者提出关于解决方案的公正性的质疑。也就是说解决方案的公正性，将要考虑到对利益、具体情况及其对政治理性的影响。因此，司法实践需要另一种反思，而这种反思又保证了司法实践具有一定的政治智慧。在社会法所嵌入的法律与政治关系的框架中，第二种反思与第一种反思同样重要"〔EWA 86, pp.64–65〕。

在这个嵌入了政治理性的时代，责任抓住了自由精神和对行动的理解。埃瓦尔德强调法律的政治用途是为了在社会中切实实现一种个人主义和自由主义的思维方式。埃瓦尔德特别强调在19世纪的法国，责任是政治理性的关键概念。

责任主要来自于经济界，它被视为人们在面对事故时根据他们的反应（处理方式）而作出的判断。意外事件被认为是不可避免的代价。从哲学的角度来看，用自由主义范式解释罪恶就是把它看作一个可以也应该被理解和管理的偶然事件。在这个框架下，行为者的责任来自于他的过错。过错与功绩的概念以个人主义的方式例证了自由与责任的关系。如由杰兰多（Gerando）男爵的总结，"地球不是人类可以休息的地方，而是一场试炼，一场伟大的教育。他的健康和舒适作为他努力的奖品，贫困是一种威胁〔……〕但是谁说自由就相当于冒险"〔EWA 86, p.105〕。

责任因此被确定为判断个人行为举止，并相应地进行管理的工具，而不需要具体的司法措施。自由主义的理性远离法律的程序性视角，旨在通过更加灵活的道德话语来增加个人自由，因此，埃瓦尔德对自由理性的理解是，"遵从道德规则的因果关系的管理方式"〔EWA 86, p.101〕。埃瓦尔德强调，这种道德是建立在自由与责任成正比的关系上的。当然，这种自由和责任是个人层面的，因为责任必然是个人主义的。"个人原则上的责任，使每个人都有义务满足自己的个人需要。"根据埃瓦尔德的"自由主义范式"，自由伴随着责任，一个的缺失意味着另一个的不可能。拉贝（Labbé）早在1884年就提出"责任是人类行为最完美的调节者"①。埃瓦尔德的观点，总结了政治、道德以及在此框架中发展了一个多世纪的经济概念以及自由主义、个人主义的观念。自由主义范式基于这样的假设，"没有人可以把自由的存在，他可能经历的侥幸或不适归咎于他人，除非这些是由某人打破了共处自由的最高原则—即不伤害他人—所造成的"［EWA 86，p.64］。换句话说，这意味着："每个人都必须对他的遭遇，他的生命和他的命运负责"［EWA 86，p.64］。这个想法需要一个非常具体的关于自由的概念。每个人都必须在不受外界干扰的情况下处理自己的生活以及在必要的情况下也不依赖他人。"责任原则被视为善与恶的转换者，进步的原则，［……］以及用来完善个人和社会的永久性手段"［EWA 86，p.102］。责任成为一种管理原则。它保证了两个关键假设：一是没有人把对自己的指控放在他人身上，二是为经济目的而合作的可能性。

埃瓦尔德将责任原则描述为一种旨在为自由的特定理念辩护并提供规范其发展的特征的工具。

对于自由主义者来说，责任就是这样一种原则，它可以引导和解决不安全和某些冲突。"责任能够根据和谐的模式来理解社会生活。自由主义坚持——道德与法律，法律和经济，都是可以和谐的，各领域的指导原则不是相反的，而是可以相互加强。"［EWA 86，p.102］责任，由自由制定，那么就应该试图在不同的社会领域建立起二者的和谐关系。因此，责任原则因其多义性和灵活性，使自由理性得以从法律的密网中解脱出来。不仅是严格的司法机制，而且最重要的是采用基于过错和功绩概念的强大的

---

① 引用于［EWA 86，p.102］。

道德动机。事实上，必须"始终确保人们能够找到自己的原则，并纠正其自身行为。越少的人不服从自己的命运，大家就会更好。如果达不到，那是因为他们不够自由"［EWA 86，p.103］。

到目前为止，我们已经在 19 世纪自由主义者的道德和政治观念中看到了责任的概念和意识形态。自由放任原则暗示了责任的这一方面，即不履行责任被认为是一种个人过错。

但是，不断发展的工业化和与之相关的技术创新产生了太多的负面后果，促使了个人责任原则的发展。事实上，当时的工业现实不允许对责任概念采用一种如此脱离负面事件的系统性态度。埃瓦尔德告诉我们，在集体生产领域，不可能通过个人主义的标准来衡量责任。罪恶不是个人道德选择的结果，而是整个社会系统发生的错误，表现出"工业的核心似乎是必然的有规律的恶"［EWA 86，p.178］。这种损害不能归咎于个人，因为这通常是由机械系统或创新系统造成的，也不能片面认为是个人责任方面出现了问题。因此，商品的再分配也不能仅仅归因于个人的功绩。埃瓦尔德认为，在这段时期内，出现了一个介于国家与个人之间的实体，一个按照自己的逻辑分配善恶的实体。这恰恰指出了自由主义原则面临的困难：

"负责结果是根据法律来分配的，而不管每个人的行为是好是坏"［EWA 86，p.147］。

因此，从 19 世纪末开始，因为负面影响的数量增加了，以自由正义为基础的道德体系被以"风险"计算为基础的伦理政治体系所取代。

通过概率和统计的计算，产生了一种发展，旨在从保险的角度识别创新可能产生的系列结果。事件发生概率是可以通过保险来计算的。"风险是可以计算的。这一点很重要，因为正是这个原因，保险才有别于彩票，要将一个事件视为风险，就要估计其可能性的概率。这是因为保险有两个基础。一方面，通过统计表，建立了某些事件的规律，而另一方面将概率计算应用于统计学，这就可以预计同一事件可能发生的概率" [EWA 86, p.301]。保险显然与责任不同，因为它没有考虑到代理人的意愿或真实意图，更不考虑最终的罪责。埃瓦尔德说风险是集体的，确切说没有一个人的风险，如果不是作为一个整体的一部分，个人风险是不会存在的。相反，司法理性从个人主义的道德视角出发，划分和判断代理人的责任，无罪或有罪 [EWA 86, p.301]。

责任是作为一个激烈的争论的核心，直接导致了 1898 年《民法典》编撰的制度化。在《民法典》中，提出有必要对损害赔偿的程度作出客观规定，并且提出被损害就必须得到赔偿。因此，有些文章专门论述了工人和企业家之间的争端，以保护前者不受后者的滥用。根据埃瓦尔德的观点，在此介绍的基础上，我们可以看到对企业和劳动的认识的转变。该法所包含的是对企业家和工人之间关系的规范理解，这基于埃瓦尔德所说的团结以及在契约而不是刑法框架下。因此，该法设想了两种截然不同但又相互关联的责任类型。第一个是在道德意义上把行动和它的代理人绑在一起，把伤害看成是某人的过错。第二个，嵌入在上文提到的概念转变之中，更关心的是独立于原因的损害赔偿。过错肯定是需要确定和解决的事实，但强调劳动合同之间的企业家和工人的团结意味着这个法律之外的信任应一直保持，不管当负面结果出现的时候，那是谁的过错。

埃瓦尔德向我们展示了民法中这一概念的发展为责任的理解

铺平了道路，在他定义为事故权的框中，原因和损害赔偿被区分开来。然而，在以前自由主义思想中，原因和损害之间的严格联系是通过接受道德责任联系起来的，之后，损害和原因脱钩，开放了一种广义的责任（每个人的责任）[EWA 86, p.499]。从这个意义上说，事故不再考虑谁负责，而是集中在需要重大补偿的受害者（或损害本身）上。"纯粹的物质因果关系，不会为过错的主观性留下任何空间"[EWA 86, p.499]。法律的目的并不真的在于代理人的司法处罚，而是受害者遭受的痛苦的物质赔偿。为补充道德主体的情境判断，加入了一个物质和机械的层面，将刑法和民法融入责任概念之中。

埃瓦尔德还强调了在自由主义思想中发生的短路，特别是在法律和制度化特征的可能性方面，促成了自由主义的消解。他强调，由于正义观念的改变，以及参照规范框架的修改，对制度设置的修改成为必要。然而，这对于一种政治理性来说是不可能的，因为它认为主要的客观自由是由制度链中解放出来。

社会在风险管理方面的这些保守发展对埃瓦尔德来说是具有积极意义的，因为它们有助于消除自由主义的不平等和不公正，从而有利于平等主义模式的实现。埃瓦尔德设想用民权模式取代自由主义范式，不再关注过错，而是关注损害。通过从惩罚罪犯到赔偿受害者的概念转变，埃瓦尔德试图阐明一种能够从自由主义思想的政治策略中学习并避免不公正的方案。

埃瓦尔德为他所命名的"社会权利"模型制定了指导方针，但并不基于个人责任和个人自由，而是基于生命和平等。埃瓦尔德认为自由和责任的标准是矛盾的和偶然的，必须为生命和集体的标准让位。必须从倾向于意识形态方面的个人主义模式中解放出来，而要在保险理性的主持下，构建一种旨在不断实现均衡的社会权利关系。如果自由理性将善与恶的重新划分理解为个人自由和责任的自然结果，那么毫无疑问，社会权利所体现的理性就提出了新的正义观。集体，而不是个人，将会制定费用分配标准。我们不再以人的自由为基础，而是以生命的平等为基础，在这种情况下，一切形式的生命都可以包括在内。因此，对于埃瓦尔德来说，保险不仅仅是一种经济和金融技术，最重要的是它也是一种在社会法中能够并且必须实现的道德技术和司法管理形式。"社会法的概念与康德所提出的法的观念相反，后者是一种理性话语的集合，与欲望、利益、激情和道德相分离，并可以建立一种自由共存的秩序"〔EWA 86，p.461〕。根据埃瓦尔德的观点，社会法所要突出的理念是集体喜好和集体欲望的表达，他称集体为社会。在这个集体内部，各个部分之间的紧张关系可以通过均衡的理念来管理，这样就消除了任何关于主权和自由差距的提法。"正是通过均衡的理念，我们才得以看出社会法的判决规则和民法的旧规则之间的区别，后者总是围绕着自由主义政治理性、罪行、意志、自由，总而言之，就是责任的概念"〔EWA 86，p.467〕展开的。

然而，根据埃瓦尔德的说法，无论是理论还是实践上，这种对责任更广泛的理解自 1898 年第一次提出以来就从来没有受到过很大的欢迎。这种对责任的广义理解实际上意味着将劳动合同框架扩展到所有社会关系。尽管如此，埃瓦尔德所设想的情形还是有些引人入胜。"为了把责任权看作是事故权，我们需要设想事故不再是第三人在另一个人面前的事实，而是关系的相互依存、交换服务、追求共同利益的结果。换句话说，我们需要假设我们都被一份总合同束缚着，我们是团结的整体"［EWA 86，p.440］。

他认为，这个角度来看，提高团结的水平，仍然可以为实现不同的正义概念开辟道路。

埃瓦尔德指出了与责任概念相关的几个重要方面。第一个方面，责任本质上蕴含着一种政治用法，以便执行某些道德和实践条件。

第二个方面，我认为很重要的是，他展示了责任是（或可以是）对社会的横切和规范理解的例证，在这种理解中，不同的维度甚至以无意识或机械的方式严格地相互依赖。

此外，对责任的有限理解未能发掘其中蕴含的伦理潜力。但是，从埃瓦尔德对民法的历史考察中，还出现了其他几个有趣的方面。

第一，正如我们已经提到的，是责任作为具体政治理性的表达的作用。埃瓦尔德多次强调，责任绝不是一个空洞的概念，它总是与表达社会诉求和自由精神的政治理性思想相联系。"为了理解责任这个概念，以及它的核心任务，以及如何实现责任，就需要我们考虑两个'社会判断规则'，即①某种政治理性，通过这种政治理性在一定时间内构想社会关系的调节，②什么定义了社会义务领域中权利的权威／管辖权，即什么标志着正确和不正确之间的界限"［EWA 86，p.436］。

埃瓦尔德通过自由主义思想的发展，向我们展示了道德与法律相互关系中出现的并联和矛盾。首先，他论证了道德与法律在责任阐释中的紧密联系，以及这两个维度在特定时期主导意识形态的运用中是如何与政治领域相融合的。在这个意义上，有趣的是，他对政治维度通过道德对法律进行工具性使用时可能产生的后果进行了历史论证。这种假设，总是隐含在凯尔森和哈特的分析中，在埃瓦尔德的理论中得以明确的表达。保持责任与具体的制度手段分离意味着产生一种语言学上的用法，这种用法可能导致责任概念仅作为意识形态合法化的工具发挥作用。这些问题乍一看可能仅仅是语言学问题或司法纠纷，但事实证明这些问题是具有高度政治意义的解释学问题［EWA 86，pp.78-79］。考虑到责任的可塑性和潜在的几个维度的应用，可以按照不同的政治理性模型来使用责任。责任体现为一种对其时间动态进行治理的工具。责任困境远不是在技术层面上就可以解决的，而是具有政治特征，需要通过共同的制度框架来解决。"它（责任）取决于使一种政治权利成为可能的政府，能够压制阻碍其行使的行政障碍，创造使她能够发挥作用的条件，以及在她存在期间保证和维护她"［EWA 86，p.354］。但是，如果责任可以为利益或其他合法化过程而利用，那么我们不能忘记责任总是与自由联系在一起，这方面不能留在社会的私人主体手中。正如埃瓦尔德提醒我们的那样："如果主动权确实属于实业家，那么自由就是政府的职能。"［EWA 86，p.354］

道德维度的实施，即由集体劳动过程的增长所激发的日益增强的社会化，有利于更明确的自由形式表达的观点出现。如果责任局限于一个社会维度，或者它不按照制度规则发展，就不可能回应各种社会诉求和历史演变。

然而，这种寄希望于对责任的限制基于这样一个事实，那就是上述对自由的理解仅限于它的一个维度。因此，它恰恰是一种简化的自由观，主要是个人主义的或消极的，导致自由主义思想无法回应时代问题。

奇怪的是，埃瓦尔德向我们展示了责任的概念和与之相关的道德观念实际上是如何发展的，主要是为了回应 19 世纪的技术加速发展，在这个时代，由于不同的原因，司法机构并不被认为是积极应对这些发展的最合适工具。因此，责任代表了一个拟像，在那里，所有的规范和行为规则都可能被注入，因此，个人可以从技术进步产生的角度来定位他们自己。埃瓦尔德还指出，必须在制度的支持下促进和发展技术开发的实践。

这个概念框架的优点之一是将错误、因果关系和自由的共同基础的概念主题化。这种可能存在于每一个行动中的错误，是任何责任理论都不可避免的因素。埃瓦尔德正确地指出，在道德意义上评估责任的困难在于，很难区分个人的过失和更普遍的（或社会的）原因。正如利科所强调的那样，道德判断总是一个我们所采用的道德标准的选择问题，它是在产生行动的不同方面中的一种选择。利科警告我们，这样的话，责任将成为一个完全主观的问题，可以忽略过错与损害之间的比例标准。基于这个原因，埃瓦尔德强调了将错误视为人类的一种构成特征的重要性。他认为在责任权中寻求道德框架是困难的，因为这将消除因果关系和过错之间的区别，而这正是责任概念的核心。他说，责任"源于因果关系和归罪之间的决定性区别：仅仅是某人造成了损害，便使他被判定为负有责任是不够的；还必须是在他的过错上造成的"〔EWA 86，p.108〕。他还正确地强调，"只将损害归罪于因果关系将意味着压制责任的概念"，因此，"将意味着压制自由攻府的原则"〔EWA 86，p.69〕。

考虑到作为人类结构性特征的易错性，必定在物质层面上有所体现。那么，在追求正义理想的社会中，补偿的作用显得至关重要。

同时，我想强调的是，埃瓦尔德所做的非同寻常的分析是有局限性的，把后果的作用放在伦理分析的中心，不能意味着放弃道义论的观点。这意味着取消行动和代理人之间的密切关系，正如利科所承认的［RIC 00，MOY 12］。取消个人缴费，支持基于保险的集体缴费制度，可能会产生两种相关因素的排序。第一种是消极的，但这并不妨碍我们认为，如果没有理由拒绝冒险的行为，其后果可能比概率计算所预见的更糟，而物质补偿可能会起到补偿作用。最后，保险制度的问题，除了不可能作出可靠的预测外，恰恰是它导致了一系列潜在的灾难性后果。如果根据风险因素和潜在损害对行动进行量化，则行动的可行性将仅与赔偿实质性损害的可能性成比例。责任的量化意味着责任本身成为一个对象，成为潜在的交换商品。这样，只有商业动态才会决定采取行动的决策。此外，大多数后果或损害不能通过物质赔偿来弥补。

第二种，在某种意义上也是消极的，它表明随着个人贡献的消失以及对优点的承认的消失，个人贡献对社会发展的重要性也将消失。换句话说，每一个人通过精神、物质或文化的贡献发展出一定的道德特征，而不提及身份的形成，结果只会是一个偶然的惊喜。这两种秩序在社会和主体间命运的匿名冷漠的十字路口相遇，在这个地方，研究和创新将被一个基于保险的系统降级。

埃瓦尔德强调了特定自由的政治作用，我将其定义为经济自由。基于强烈的批判性观点，埃瓦尔德描述了自由主义的假设，首先展示它们的特点，然后是它们的矛盾。随后，他又将研究方向转向了一种根据数学规则或计算形成和引导的社会规律。与凯尔森的理论相反，他的正义理论不是基于个人主义的自由思想，而是基于以匿名平等的形式结束的集体思想。埃瓦尔德认为，只有采用基于具体化的客观媒介的稳定程序，才能保证平等。"因此，不可避免的是，他必须拒绝将责任标准作为自由的象征，他首先将其与康德的自由和功利主义的自由等同起来；自由不是一种自主的决定力量"［EWA 86，p.953］。然而，这也代表了一个错误，考虑到责任的语义和概念的丰富性，我认为我们不应该犯下这个错误。埃瓦尔德对责任概念的描述对我们的研究非常有意义，因为它显示了仅在埃瓦尔德和哈特中隐含的几个方面，并为我们提供了一个完全不同的场景。埃瓦尔德强调了责任的政治作用，警告我们隐藏在政治—经济工具之下的个人责任诉求。然而，这并不意味着我们要把婴儿和洗澡水一起倒掉。埃瓦尔德预设的自由和责任的概念是有限的，因此无法面对一词多义的挑战。根本的问题是不能因为责任可能被利用，或者因为它与自由的重商主义模式有关，就拒绝它。相反，挑战是将这种关系作为一种对伦理话语的利用和操纵来揭示。因此，答案并不在于拒绝责任和自由而支持报偿制度中的平等，而是应该在更广泛和更深刻的责任概念中寻找答案。换言之，我们需要构建责任的共同理解，这种共识可以用来保护责任免于为了意识形态目的而扭曲其本质和功能的政治操纵。

我不想对这个有趣的观点进行过多的分析，在结束时，我想再次强调埃瓦尔德在理解个人主义的责任观及其影响方面所作的最终贡献。埃瓦尔德向我们展示了责任的几个方面及其与自由的联系，为我们摆脱对道德和法律责任之间的固有差异提供了新路径。现在我们可以更好地理解责任远非将行为归因给行为者的中性范畴，而是一个可以体现世界的特定视角的多维工具。我们了解到法律、道德和政治之间的关系不是也不能被单纯认为是排他性的，而应该看作是辩证的，目的是为了实现具体的价值和规范。

责任概念的多义性使其陷入司法实证主义的纠缠之中，不得不经历突然的重塑。然而，责任始终是应对多年来进步所带来的挑战的有力工具。如果我们发现它在文献和政策制定中越来越多地被提及或使用，那是因为在此期间，我们目睹了更加复杂和清晰的自由概念的发展，这使我们能够以不同的方式重新思考责任的概念。

除了旨在确保和增加对个人过错的客观反应形式的观点外，在 20 世纪，我们还发现了一种相反的观点，这种观点基于一种主观立场，其激进形式表现为集体主义［HAB 15］。

特别是，乌瑞克·贝克（Ulrich Beck）和汉斯·乔纳斯（Hans Jonas）的贡献向我们展示了一种从存在主义的视角来思考责任的新方式［BEC 92，JON 79］。时间重心的转移、责任从其偶然表现中的消解以及一种普遍性的理解重新勾画了责任作为治理工具的轮廓。将责任定义为可归罪或有罪的可能性的条件已不再足够。这些条件已经存在，我们需要加以控制。正如萨特、乔纳斯和贝克以不同的方式强调的那样，我们已经有罪了。我们现在必须对技术发展继续产生的自由的指责作出反应，我们必须把责任看作是一种普遍的伦理。

贝克的方法无疑是一位规范社会学家的方法，目的是展示大规模 "风险社会" 的影响，其中描述的情景被描述为 "有组织的不负责任"［BEC 92］。相反，乔纳斯的视角沿着康德道德和存在主义灵感的路线发展。乔纳斯提出的模型是基于这样的规范假设：尽管各种道德观念存在差异，但一个基本的前提是可以达成一致的，即必须保证人的存在这一事实。鉴于技术的极快发展及其消极后果，作为负责任的存在，我们的任务不仅是保证自由，而且还要保证自由本身，即存在的条件。乔纳斯随后也采用了一种责任观，这在一定程度上是符合康德的先验思想的，根据这种观点，我们便已经有责任了，因为我们是人类，因为我们存在。实现我们的人性意味着回应我们的自由强加给我们的尊重他人的道德号召。从后现代的角度重新审视责任的概念，乔纳斯在某种程度上像贝克一样，重述了我们在以前的理论中已经发现的几个假设；对事件负责以及把坏的变成好的的道德必要性。时间支点向未来的转移及其预测，以及道德重心从内疚方面向赔偿或损害赔偿方面的转移，都是已经出现的方面。然而，乔纳斯通过普遍关怀的视角使这些方面变得激进，这使得它特别有趣。自由和进步这两个始终结合在一起的概念此时已经在一个死胡同中实现了自己，只有通过对它们意义的不同解释，才有可能走出这条死胡同。进步不能再被理解为单纯的技术进步，而需要回到康德提出的"被赋予自由的行为（或一系列行为）"的最初含义［KAN 79，p.151］。因此，对进步的引导意味着对自由的训练，这最终是康德在第一批判中强调的自由的真正任务和目标，即把因果关系的约束与自由的表达结合在一起的能力。对于乔纳斯来说，再也不可能为了个人层面上的进步和增加消极自由而放手不管了。有必要确保每个自由的条件在未来都是可能的。康德的假设与起源于列维纳斯的存在主义灵感 ① 交织在一起，促使乔纳斯提出了

---

① 出于几个原因，我没有提到的列维纳斯建议，参见［LEV 98］。有关将 Levinas 与 RRI 联系起来的奇妙分析，请参阅［BLO 14］。

一个激进版本的责任。我们需要作出反应，而不是对科技发展所产生的一个或另一个问题作出反应。我们必须改变我们对行为方式的整个态度，以确保存在的可能性。我们必须对我们的存在和未来生活的可能性分别予以关心。在这个意义上，乔纳斯为责任的概念增加了一个基本的方面，就像作为关怀的责任，一个在以前的概念中没有出现的方面。此外，乔纳斯再次强调了这样一个事实，即每一项责任及其基本意义都源于自由。

然而，乔纳斯也以一种不由自主的方式向我们表明，对责任的每一种理解都与相应的自由维度相联系。

他的话语的魅力并不会让我们忽视这样一个事实：乔纳斯对自由采取了一和绝对的观点，尽管是积极的和超越的。因此，与萨特主义的观点没有什么不同，乔纳斯不能提出可以具体回应RRI问题的制度性解决方案或实践。乔纳斯的尝试，就像贝克的尝试一样，是一种呼吁，一种我们的本性正在发出的绝望尖叫。

同样，我们可以找到一些旨在强调责任的存在方面的方法。例如，亚当和格罗夫斯专注于寻找可以摆脱道德或法律责任瓶颈的路径〔ADA 11〕。这两位作者将重点放在可以表达这一额外需求的替代方案上，以应对多元主义带来的挑战。因此，通过从性别理论和现象学借来的概念，亚当和格罗夫斯发展了责任作为关怀的概念。

这两种责任观概括了对这个或那个方面的不同强调，向我们展示了利科强调的疑惑、困惑和魅力。我们在实际中理解了责任的多义性，以及发展一个能够在不丧失概念的规范力量的情况下处理所有问题的概念的巨大困难。我们现在陷入了两个吸引我们的方面之间。一方面，像责任这样的标准需要客观性，以便以一种共享的方式使用，而不是被操纵；另一方面，责任体现主观贡献的必要性在于阐明要维护和实现的价值。我们仍然需要找到一种参照，能够将客观结构所提供的合法性与主观贡献对规范的理解所体现的有效性保持在一起。事实上，这两个角度并不能帮助我们解决问题，因为它们往往会失去这两个方面中的一个。

那么，我们必须考虑制订一种责任概念，这种概念可以采取这两个方面，并将它们结合在一个有意义的共同结构中。为了做到这一点，我们需要考虑责任的所有细微差别和不同的理解接受方式，以便能够识别它的主要特征。每个概念框架都强调了我们现在需要总结的责任的某些方面和具体问题。这样，我们就可以把握一个充满隐含意义的概念所蕴含的潜力。

2.4 ｜ 作为首要概念的责任

所有这些责任的概念为我们揭露的两种要素，都显示了在不同的理解之间相关维度的缺失，以及每一种理解和它同等的自由之间所具有的明确联系。

第一点，可以说是以否定的形式出现的，因为它的缺失导致的喧嚣使这一点变得十分明显。责任的一词多义问题已经被人们所重视，并且在日常使用中表现得十分明显。我们该如何定义被寄予了多种可能性解释的责任感？例如，我们怎样才能在司法规范和道德规范之间作出选择呢？凯尔森和哈特提出的解决方案，也得到了几位当代学者的支持，即正确理解是内在于应用领域的。举个例子来说就是，司法纠纷一定要按照法律责任标准来解决，道德抨击则必须遵循可责备性的指示，经济性质的问题则应该在问责制相关的维度下处理。

那些将责任理解为关怀的人也隐含地承认这一观点，因为要以关怀为标准，就必须超越法律的规定，例如，为了对法律不能或不愿处理的诉求作出反应。埃瓦尔德提出的概念框架甚至走得更远，他指出责任应被直接舍弃掉，因为从概念上讲，它是一种偏见的表达。

我不认为埃瓦尔德的判断应该得到所有人的认同。在我看来，这种错觉产生于将部分视为整体的片面性，并将概念自身错误地视为其众多应用中的一种。尽管我同意，如此一个宽泛的概念所涉及的工具化是高风险的，我还是不认为这就是最令人信服的策略。相反的是，将对一种应用的偏袒强调为一种政治不充分的表达，能够帮助我们在一定程度上强调其可能发生的逻辑和伦理局限。

同我们已经分析过的其他观点相比，这种观点所提出的更为可靠。凯尔森的相关架构同哈特的一样，都是明确地同跨学科方法相抵触的，都赞同每一社会领域中相关标准的严格的和"纯粹的"识别。考虑到这三种概念都是被同一种原因所推动，即避免对政治和党派观点进行道德和一般辩护，所以这三种概念的目的并非那么不一致。在自然法范围内，对于永不会尘埃落定的，甚至模糊一点都办不到的法律的探寻，以及在社会法领域内，对于实质性平等权利的基本法的诉求，二者都尝试回应政治对于潜在法律和现存法律的操作。在这种情况下，责任标准成为主要的"归罪"，因为定义其含义是明显困难或不可能的。在多元主观灵活性面前采取关闭措施或许是种方法，但我不确定它从逻辑或功能的角度来看是否有效，因为界定其含义的明显困难或不可能性正在于对概念本身的过度关注。

一般来看，每一个划分了责任范围的二元概念都倾向于陷入我们之前强调的同一概念误区。责任是有不同深度的层级的。为了理解或定义诸多特质，可以将这些理解作为单一的理论实践逐一展开谈论，但同时也要看到，这些理论既不能得到拓展，也不能在更深层面的理论方面有所发展，更不能在实践领域中得以应用。与其划分责任范围，我们更应该要考虑如何使它们成为更具概括性和普适性的整体概念的一部分。

　　从实际的视角来看，在跨学科领域和社会维度下作出的这种区分，都不能帮助我们超越我们已经获取的知识。为了应对创新的挑战，显然需要采用跨学科的方法，但也许这些方法只能在一定程度上帮助我们。RRI 提出的目标之一便是在不妨碍其他领域发展的前提下采取一种可以促使创新达到合法性和有效性双重目的的方法。对于涉及复杂方面的问题，坚持单一的方法论似乎没有什么希望。例如，只遵循一些与责任有关的法律规定的话，那么这种法律责任不能为我们提供关于创新的任何指示，因为创新面向未来，而法律责任只界定了过去［VON 93］。依靠道德假设去理解同创新相关联的结果的善并不能保证成果或过程可以被接受，因为一种道德观点也许会同其他观点相冲突，也许在一种特殊语境中不能被接受，或者也许因为一些非道德的原因而不被接受［FER 02］。

　　只注重经济特征的责任，只是对特定部门或群体的物质期望所作出的必要反应，是不能引领我们在合法性层面走得更远的，因为很明显，虽然这些选择是由各部门做出的，但其后果是由社会承担的。此外，欧洲人也对此产生了大量疑虑，因为人们的看法是，创新只被经济标准驱动，从而产生更多的不平等和不公正

［STI 12，COH 12］。

关于最后这一点所包含的问题，我不会再深入探讨细节了，因为我将在下文中进行研究。

如果责任的标准体现了摆脱技术瓶颈的可能性，那么我就认为我们需要更有效地使用它。我相信我们可以采用另外一种路径，该路径被利科提出，并且在两个世纪之前黑格尔就已经开启了。

这意味着，如果我们想要确定负责任方法的可能性条件，这只有以伦理基础为出发点才有可能，即所有不同责任观念的总体观点。

在考察其多义性时，责任基础的问题已经很清楚了。问责、（法律）责任、关怀、可谴责性等，都是对责任概念的不同理解，但都同等重要。几位作者把重点放在这个或那个理解的定义或描述上，试图阐明这个概念。我的目标是将我一直强调的所有这些方面保留下来，以便勾划出责任的主要特征，从而链接不同的理解。在我研究的这个阶段，这仍然是一个形式的构建，缺少更实质性的联系，因为这些方面将在后面的分析中出现。不过，我认为这个大纲是必要的，以便进一步进行总体建构。

一方面，责任体现了一种身份，一种将个人嵌入社会关系网络的司法或道德条件。个人之所以负有责任，是因为他是司法或道德团体的公认成员①，这个团体期望某些条件得到满足，并在它们被侵犯时进行辩护或提供补偿。然而，责任的第一个特征已经揭示了另一个重要方面，那就是能力。正如我们已经在康德及司法实证主义那里看到的，对于个体来说，要想被认为是说话算

---

① 这里我指的是道义论道德。

数或者负责的，我们需要假定一种事实，即他具备了某些能力。这就意味着共同体的包容是建立在拥有能力的基础上的，是这些能力使个体可以理解事实上他在被要求些什么。如我们所见，对这些能力的扩展有着不同的解释。

然而，我认为我们不仅可以将如上所说的共同体对个人希望的能力包括其中，而且还要把认可这些我们务必要遵循的外部规则的可能性涵盖其中。我说的并不是与行动相关的意志，而是在共识之下的一种行为得以框架化的前提。也就是说，负责的能力不仅意味着理性能力的存在，也意味着对规则的认可，根据这些规则，我们成为社区的成员，并相应地负责任。

除了与身份相关的责任之外，我相信我们还发现了另一个值得强调的有趣方面。除了身份维度，范德普尔以及"存在主义者"①向我们展示了责任如何也体现了一种面向未来的动态性质。我们作为人类是有责任的，我们是需要负责的主体间子系统的一部分。关于这方面，责任跨越了已经建立的边界，以便冒险进入尚未存在的领域。个体，在没有任何特定的认可需求的情况下，独自在他存在的空间维度内，在他还没有进入的语境之外，致力于对他自己将产生和决定的条件作出反应。我相信，基于对存在的关心，这一方面肯定不那么客观，使得责任更深的一面至少在语义和词源上出现。事实上，责任起源于动词 respondere［OWE 13］，这个动词暗示对某事或某人的回应，甚至更原始的意思是向某人说明某事［PAV 14，RIC 00］。因此，责任似乎暗

---

① 通过这个术语，我指的是所有那些关注存在层面上的后果的观点。我这样命名它们只是为了简单起见，尽管其中一些并不属于这一传统。我承认每一个都有很大的不同和独特之处。

示着一种基于我们被呼唤给某人或某事回应的沟通结构。基于凯尔森和哈特，我们需要向司法负责［KEL 05，HAR 08］；基于埃瓦尔德，我们需要对社会负责［EWA 86］；基于乔纳斯，我们要对自己和世界的某一未来负责［JON 79］［LEE 13，p.147］。但是，这个包含在单词 Responsibility 中的前缀 re 对我来说隐藏了一个更深层次的含义，它与动词 spondere 相关，respondere 代表一种重复的反应，或者至少是重复。Spondere，意思是参与、承诺，暗含着积极的韵味，而不仅仅是作出反应，一些作者如格林鲍姆和格罗夫斯［GRI 13］和伊博·普尔［VAN 12a］已经正确地把握了这一点。同样，其他作者也隐含地将他们的分析建立在这个存在主义的一面上，但是其明晰化的做法开辟了注释性路径，这也许可以使我们解决不同的责任理解之间的关系这一令人费解的问题。我不仅在一词多义中发现了责任的整体性和互补性，而且在责任作为参与或回应意义的紧密联系中，我也发现了责任的整体性和互补性。这两种变化，向后和向前，代表了同一枚硬币的两面，我们将作为个人，嵌入一个基于认可的社会网络中，并要求我们对承诺作出解释。

为了不将我的假设与伊博·普尔提出的丰富框架重叠，并且为了更清楚地描述我的假设，我认为最好是以不同的方式从向后和向前的角度阐明责任的两种变化。我相信事实上，稍微改变一下我们的视角就可以帮助我们揭开责任其他方面的神秘面纱。因此，我更倾向于将这两个方面称为保守和创新，两者都通过假设和归因的双重操作而联系在一起。

包含身份责任的那一面与保守的维度相匹配。显而易见，在最低责任中，它通常被理解为不伤害我们以外的人或物的消极命令。由此，对责任的静态理解从最低限度上讲就是要求我们不造成伤害。这一点继承了康德思想的主要特色并着重于潜在能力归属的一面，除了这种潜力以外，没有任何刺激可以促进这种意义上的活动。

责任也包含了创新的一面。respondere 的词语根源暗示着我们对承诺的需求。我们现在谈论的是积极和创新的层面，我将其定义为责任的实践。在这种情况下，我们不能简单地避免采取行动，我们不能把自己隐藏在规则或法律后面。在这里我们必须行动起来，发挥我们的主导作用。因此，责任具有积极和创新的意义，责任变得积极和真实。正是这种我们必须回应的实践，这种承诺，将我们置于一个相互关联的语境之中。我们可以说，主观方面允许并确保了对复杂社会网络的嵌入。事实上，我要强调的是，这种承诺必须上升到机构的承诺才能真正实现。客观维度，即制度维度，为我们提供了手段和视野，我们可以根据这些工具和视野履行关怀的责任。因此，作为实践的责任活动变得真实和有效，因为主观努力被转化为客观话语。

用乔纳斯的话来阐述这个假设，我们可以说，责任中的隐含地位迫使我们采取行动，以便至少可能保护生命。但我不确定我们是否应该将保护的范围限制在它的最低水平，即存在维度。诚然，一些环境状况迫使我们作出紧急反应，对我们的生存提出了质疑。但是身份责任中隐含的保护要求也包括了使履行责任成为可能的条件。在这里不能进一步定义内容，但我们可以说，保护意味着保存那些使我们能够在存在的层面上关怀未来的实际条件，这些条件可以在所有那些能够将单一努力转化为集体进程的制度机制中找到。否则，责任将被稀释为仅仅是个人主义的或超集体主义的观点，这将产生利科所预见的险恶情景［RIC 00］。如果责任只留给个人，那么它就变成了试图改变客观结构的主观和相对的努力。因此，根据我的观点，保护意味着那些属于司法和道德层面的机制，这些机制使我们处于负责任的位置。正是由于制度维度的存在，我们才能够照顾到存在问题。正是由于制度层面将我们置于关系结构中，我们才能了解要保护什么以及如何保护，最重要的是，是什么使它成为现实。

在这里，另一个之前被作为身份的责任所稀释或重叠的一面浮现了出来，即能力。能力是保守维度和创新维度之间的联系，负责任创新的可能性取决于承担责任的能力，同时也取决于承诺某事的能力。因此，能力体现了个体性格与制度条件之间的可能联系。为了负责任，我能够理解意义的结构、行为规范和语言规则，直至对错的直观感知。做出承诺的能力是使我们能够从第一种性质转变为第二种性质的关键［RIC 07］，在这种情况下，共同语言的语法与主观经验的语义交织在一起，从而产生了始终是原创性的叙事。

总而言之，责任的两种"性质"，保守和创新，在一个维度中融合在一起，其中状态和实践通过能力联系并保持在一起。能力体现了这种倾向和性格、生活世界和客观维度的纠缠，在这种纠缠中，状态（通过嵌入到关系结构中得到保证）与实践之间的辩证关系（通过个体的冲动而推动）在其实践意义的内在性中回旋。

基于这些原因，我想说，我们已经可以瞥见其作为一种伦理责任的深层意义的一部分，也就是说，作为不同方面之间的联系，必须通过稳定的结构相互联系，但必须向内在开放，走向反思的平衡。我的假设是，所有对责任的理解都必须在一个概念框架中。只有这样，我们才能想出一个概念，一方面可以包含对我们所认可的社会所作出的承诺的问责。但是，另一方面，却是一个能够超越这一点的概念，因为对未来的承诺仍然没有定义。

对于我们的后代来说，致力于社会可能条件的再生产肯定是一个基本和关键的标准。然而我认为，我们必须变得更加严格，不能只把承诺当作是要保持它的本质意义，即不能只考虑生存的可能性。我认为它必须也要致力于存在者的改进与发展。

然而，为了能够评估改进，我们首先需要理解哪些是存在的可能性的条件。对这些责任条件内容的理解将引导我们走上实施的道路，即取得进展。

这一推理实际上还没有澄清两个基本方面。第一个是我们参与的原因，第二个是理解如何确保我们的承诺会成功。换言之，我们仍须界定标准来制定，推动和评估我们负责任的行动。责任本身不能为我们提供这样的规范性参考，根据这些参考，判断和行动可以被认定为负责任。对于马尔施（I. Malsch）来说，"责任不是一个实质性的伦理概念：它需要进一步具体化，从而能包含其他伦理概念，以明确某人在什么意义上负有责任。确定一个行动者要负责什么需要实质的伦理概念，例如个人、环境和整个社会的利益"［MAL 13，p.2］。

我们可以根据哪些参数在不同的应用领域中进行选择？换句话说，我们在哪里可以找到一个元标准来指导我们的判断？能够确立责任并将其从保守的一面驱动出来的规范化标准又是什么呢？

诚然，我们分析过的每个作者都预设了一个自由的前提，因此我们可以在这个概念中发现一个共同的参考基础。但是，同样真实的是，他们每个人都从不同的方面理解它，而不是为我们提供有用的标准，这些标准有助于我们所提出的责任的广泛理解。我相信我们需要通过对自己的调查来回答这些问题，这可以帮助我们理解为什么，所有的作者都以自由为前提，他们对自由却有这么多不同的观点。在现代自由衰落的核心问题上，我们需要冲刷出一种责任观念，这种观念一直遵循卡尔西奇（Carsic flow）潮流发展：含蓄，因此并不总是清晰、可见或透明的。我们得让它变得明确。

第三章　自由的发展

3.1 ｜ 自由的中心地位

　　责任概念的理论的变迁总是与自由概念相伴相生，在我看来这并不是偶然的。随着现代性的发展，自由概念已成为衡量一个社会正义水平的核心标准（the pivotal criterion），而上一章所提概念中隐含的责任与自由的标准也因为能够使我们达到如下双重目标而愈加丰富起来［TAY 92，ROS 08，HON 14a，HON 14b］①。一方面，我们能够为负责任研究与创新（RRI）理论的合法化奠定一个坚实的基础；另一方面，由于自由的实现同时也是每个个

---

① 我在这里不打算对"自由（liberty）"和"自由（freedom）"这两个词进行区分，尽管二者的区别很清晰，liberty 强调个人自主权，而 freedom 则常指为了保障个人自由的制度性条件。这个区别对我来说不是很有用，因为我的概念是借鉴自黑格尔（Hegel），帕森斯（Parsons），霍耐特，纽豪斯（Neuhouser），罗斯特博尔（Rostboll）等，它的前提就是，为了实现自由，或者至少能够充分把握自由的意义，一定的制度条件是必要的。我倾向于将它们视为源于两种不司语系（撒克逊语 /Freiheit；诺曼语、法语 /Liberté）的两个变种，而不是赋予它们不同的理解。

体的实际目标，因此也能获得我们所需的效力（efficacy）①。

自由经受住了现代性的所有的历史性变迁，从未丧失其力量，相反，它以新的、更明确的形式不断发展。当然，我们可以通过强调自由的不同方面来确定一些自由的观点或概念，但是在我看来，它更应被视为一个建立公正社会的可能性条件。在更抽象的层面上，我相信，由于自由具有的多义性及其基础性的价值 [HON 14a，DEW 54]，它完全有理由作为民主理论的基本标准。我还认为，许多其他的规范性假设都基于自由，尤其是个体自由。

此外，自由标准也可以发挥强有力的批判功能，因为一个社会的正义程度可以根据它所提供的可能性来衡量，不仅是为了维持自由，而且是为了增加其表达。因此，一个基于自由的 RRI 框架可以嵌入到我们社会的基础性发展之中。

如此一来，我可以看到我们能够实现的第二个目标。事实上，把自由作为理解责任的标准，在效力上也是强有力的。自由在激励不同的社会群体及其主张、抗议等方面都具力量。它是个人评估生活改善情况以及评估既定秩序的目标和手段的体现。多年来，自由一直是一种不太可行的需要，但它却是一种至关重要的需要，无处不在却又十分抽象。

基于相当抽象的原则，RRI 最终可以构建出一个嵌入社会现实的 R&I 模型，从而能够为其被所处的环境所接受提供更大的可能性铺平道路。换句话说，自由在经验层面如此强大，足以为实际应用开辟道路。

----

① 译者注：在本丛书第一卷中，对于 efficacy 已有专门的详尽论述。

只有通过自由这一概念，我们才能实现合法性与有效性（efficacy）的双重目标。也正因为如此，对于我们的框架来说，自由才如此重要。自由的独特性在于，它改变了人们对合法性与有效性关系的理解。

实现这一双重目标的可能性根植于自由概念绝对独特的属性之上，既有其形式的一面，同时也在于对其内容的强调。它拥有保守和创新两个方面，二者既不可分割，又不断交互变化，很难确定某个特征属于谁，因为它们被置于一个既包含它们，但同时又超越它们的伦理框架之中。

根据康德的理论，"进步必须是被赋予自由的行为"。康德已经认识到主导意识形态中的预测方法所隐含的所有风险。一个被赋予自由的人不能不去思考和实施决定进步的创新。将这个假设翻译成 RRI 语言就是，创新是一种社会体现进步的方式。为了使创新不仅是一种技术手段，一种脱离了生产环境的功能，而且要有效地成为这些进步的载体或化身，创新必须对它所产生的进步的可能性作出反应，并且对其进行指导。因此，责任就成了对自由律令的应答，这种道德律令不仅需要得到维护，而且必须在数量和表达上要有所增加。

为了理解自由本身可以产生进步的含义，如何能达到就自由而言的创新的理解，以及它如何不以任何方式与道德评价相抵触，我们必须仔细审查自由的概念。为此，我打算采用黑格尔的观点。这一观点近期被社会学和哲学传统重新进行了阐述，其中最新的贡献来自于克塞尔·霍耐特（Honneth）、弗雷德里克·纽豪瑟（Frederick Neuhouser）和克里斯汀·罗斯特博尔（Christian Rostboll）。

我使用这个概念的原因是，我相信在众多的概念中，克塞尔·霍耐特的概念就力度和广度而言是深刻的。这使得他能够表达自由更激进的一面，从而可以迎接 RRI 内在固有的挑战。

从这个角度看，自由概念在现代已经发展成为在所有伦理价值中占主导地位的程度［HON 14a，TAY 92，ROS 08，NEH 00］。格劳秀斯（Grotius）开启了这一漫长的旅程，经由霍布斯和洛克在此基础上进行了发展，最后只有到了卢梭和康德［HON 14a，HON 14b，SCH 98］才终于形成了作为个体自由（individual freedom）的自由（liberty）概念，即个体的自主性（autonomy of the individual）。根据这一观点，现代性的所有主要价值观，无论是指内在原因还是自然主义语境，都只是额外附加的要素，而且往往是个体自主性思想的外在表现。泰勒认为，尽管我们发现了个体自主性的新深度，但我们还没有找到其他自足的替代概念［TAY 92］。和黑格尔一样，克塞尔·霍耐特认为，这一概念之所以能在过去二百年中产生巨大影响应当归功于对自主性的包容，这使得它能够将单个主体与社会秩序结合起来［HON 14a］。历史地看，从法国大革命开始，几乎没有任何抗议运动将其主张指向除了获得或增加个人自由以外的任何其他东西。

这种个体因素以不同的形式演变，但具有相同的力量，以至于今天，规范制度的合法性和效力离不开对规范本身某种程度的个体决定。无论是法律权利、道德能力还是政治可能性，任何民主的社会秩序都不能忽视主观作用在确立自身规范时的重要性［ROS 08，LEN 10，HON 14a］。"当涉及建立公正的规范时，我们不能依赖那些没有赋予人类个体心智的力量"［HON 14a，p. 17］。

这一思想的力量已经深深地渗透到正义的概念本身，以至于今天正义的存在及其程度已经与个人自由所固有的批评和辩护的能力相适应。正如康德向我们展示的那样，同样的进步概念是通过实施和增加个体自主权来加以指导和实现的［KAN 79，p.147］。

因此，现代性的基础是建立在各种形式的自由的发展之上的，首先从个体的根本自主权开始。然而，自由的实现和表达则是随着历史语境的变化而变化的。正如罗斯特博尔所强调的那样，个人自由的决定和表达不能完全由其他人决定，这是一个逻辑上的悖论，因为这意味着没有自由。"确定自由的意义和边界的过程必须是我们自由的表达；否则，我们以自由为目标的方式本身就是对自由的否定，这是自相矛盾的"［ROS 08，p.6］。

尽管必须考虑到关于自由的各种理解方式，既不将其看成铁板一块，也不局限于某一部分，但是，我们这里的自由概念也不会延展出以赛亚·伯林（Isaiah Berlin）［BER 02］那样的 200 多种含义。相反，我打算提出的概念是根据相互之间的互补关系，在三个层面上阐述的，目的是实施和提高个人自主的水平。自由只有实现其各种意义，才能得到充分的实现。我现在将试图描述它们的性质、它们之间的关系以及为什么它们是互补辩证法的一部分。

3.2 ｜ 法律自由

对自由的最原始和最匮乏的定义无疑是将自由视为没有外部障碍的定义［BER 02］。这种观点被以赛亚·伯林定义为消极自由。伯林强调，这种自由的目标"包括避免干扰的消极目标"［BER 02，p.174］。消极自由最简单版本是基于对空间的保障，以拒绝对个人自由、生命和财产的不正当干涉。这种自由的概念以托马斯·霍布斯（Thomas Hobbes）的唯物主义理论中所做定义最广为人知，他把自由作为一种在没有外部障碍的情况下实现个人愿望的可能性［HOB 68］。霍布斯的悲观主义人类学认为，应该保证一个最小的空间以避免人类互相残杀，陷入丛林法则。"人类生存的一部分必须独立于社会控制领域"［BER 02，p.173］。一个与霍布斯观点相关的概念，虽然在某种程度上与之不同，但倾向于从保持多元化的角度来定义这个空间。斯图亚特·密尔和洛克特别指出，要在法律意义上维护言论自由、宗教自由和意见自由。在其各种被接受的观点中，消极自由的核心是，在法律允许的范围内，要保有一个不允许他者存在的有保障的空间的权利。

显然，在这一思想的基础上，不是只有严格的悲观主义和孤立主义的理论化。洛克、史密斯以及（某种程度上的）密尔都认为，社会和谐与个人自由的总和可以与一种普遍利益相适应。对密尔来说，"只有允许个人按照自己的意愿只关心自己生活的部分，文明才能进步；真理不会因为缺点自由观念的市场而显现；也就没有自发性、独创性、天才、精神能量、道德勇气存在的空间"［BER 02，p.174］。

这个简单而有效的基本想法随后在不同的假设和不同的结果下被发展起来。

事实上，这种自由观在整个现代性中一直存在，并以同样的力量和魅力以不同的形式表现出来。霍耐特认为，"即使在今天，它也能幸存下来并抵抗了所有规范性的攻击，这一定是因为直觉真理的核心几乎超越了它的所有战略用途"［HON，14a］。

证据是，同一前提的各种不同的表述在20世纪已经演变为自由是"不受外部障碍阻碍的个人利益的追求"［HON 14a，p.22］。

美学和后现代传统所做的只是以不同的形式发展了一种预设，即必须有一个有保障的空间来发展一个人的兴趣、品位、思想和信仰，而不考虑任何外部条件［TAY 84，ADO 98］。不难看出，这种完全没有干涉的看法导致了从不同的角度看要么是极端的，要么是不可持续的表达。其中，关于这个概念最具代表性的两个版本当然要数让·保罗·萨特和罗伯特·诺齐克（Robert Nozick）的版本。霍布斯提出的反动派自由思想竟然与萨特的阐述相吻合，这看起来很奇怪。然而，如果我们仔细观察，我们会发现这两个概念在本质上的相同点。萨特和霍布斯都不认为代理人的内部因素是自由的障碍，因为它们是"对他们选择的存在可能性已经作出的选择的表达"［HON 14a，p.23］。我们的决定是根据许多可能性中的一种自发地做出的，而无须任何可以用来证明它的标准。因此，两者之间的联系在于，无论是在萨特还是在霍布斯身上，都没有提到自由的决定是反思或道德信仰的结果。对他们两人来说，理性和正当性在自由标准的界定中都不起任何作用。这种类型的自由是"消极的"，是因为一个人的目的不是根据他们自己是否符合自由的条件来判断的。无论一个人作出了哪种存在主义的选择，也不管满足了什么样的愿望，纯粹的、不受阻碍的选择行为就足以使最终的行动符合"自由"的条件［HON 14a，p.24］。

为了追求个体性，我们可以强调这种对自由的理解是如何在罗伯特·诺齐克倡导的概念中达到其高度的。诺齐克的思想是基于霍布斯和洛克的自由观。

诺齐克认为，这两位哲学家的概念不足以界定必要的个人自由。诺齐克试图描绘一种超弱意义的国家（ultraminimal state）。然而，不同之处在于，对诺齐克来说，"自由意味着能够实现尽可能多的以自我为中心的、完全自私的生活目标，同时又能与自己同胞的自由相调和"［HON 14a，p.25］。设想一下这样的观点，即使可以或必须遵循这样一丝理性的迹象的想法也是不合逻辑的，因为它们都将成为对个体自由的强加［NOZ 13，p.49］。在 20 世纪下半叶的社会中的个人主义和随之而来的多元主义，这是诺齐克根据"无政府主义"标准拒绝霍布斯的消极自由的背景。如果说，对霍布斯来说，理性，即使仅在战略意义上，在实现个人利益的过程中仍然起着决定性的作用，那么诺齐克甚至放弃了这个最低限度的参照物。诺齐克认为，人类存在的复杂性意味着，除了不能伤害他人之外，不可能从外部确定任何东西、任何模式［NOZ 13，p.313］。

　　因此，根据所考察的概念，决定个体在自由空间中行动的因素是不同的。对霍布斯来说，这是个人利益，对萨特来说，这是一种前反思的自发性，而对诺齐克来说，这是各种意志的偶然显现。然而，在所有这些概念中，我们都找不到任何关于自由是自决的提法，而只是关于没有障碍的提法。采取法律立场的主体不能以寻求他人接受其动机为目标。相反，根据司法理由行事的个人"受到鼓励，甚至有义务躲在保护屏障后面，为自己的生活决定什么是好的和正确的"［HON 14a，p.84］。

　　把我们的行动限制在法律层面，使我们不可能接触到主体间性的一面，以至于一个人甚至无法提出新的需求、愿望或价值观，从某种意义上说，他应该中止每一个自我实现的意图［HON

14a，ROS 08，DWO 78，DOW 85，DOW 88]。正如罗斯特博尔所说，同样从逻辑的角度来看，消极自由如果被单独考虑，可能会导致矛盾的结果。事实上，这是一个"忽略了如何以非强制性的方式确定消极自由的意义和边界的理论化的传统。作为一种注重非胁迫的理论，后一种省略使其不完整和不稳定"[ROS 08，p.32–33]。

然而，从伦理角度来看，这一个模型甚至无法预测司法主体或道德代理人之间的稳定关联，这使得我们无法想象除了不伤害之外，自由与责任之间还有什么其他的关联。萨特对自由的理解是如此宽泛，以至于对我们来说意义不大。不仅使"从哪里"获得自由的维度丧失了，而且很难理解一种行为何以比另一种行为会产生更大的影响。换句话说，我做这个决定与做另一个决定会有什么区别呢？这样一来，将萨特的自由理解为我们所说的自发性并非偶然，进一步地，在某种意义上，总体上存在着如此宽泛的自由观念，这并非偶然。正如斯帕曼（Spämann）提出，并被利科所接受的，这意味着把责任转化为宿命论："考虑到每一个后果，包括那些违背初衷的后果，最终使能动者不加区别地对一切负责，归根结底就是说，他对自己不能负责的事情不负任何责任"[RIC 00，p.32]。如果一个人在任何时候都要负责，那么这个术语本身就可能不再有任何意义。

我认为，将民主理解为一种保护和聚合自身利益或私人偏好的程序是一种传统。将消极自由或自由的概念理解为不干涉私人利益，这在某种意义上是主观的和前政治性（prepoliti-cally）的理解。

黑格尔认为，法律所支持的消极自由是以"一种特殊的社会实践为前提的，这种社会实践是由人们普遍接受的一种规范所产生的，即每个主体都应该是一个人格（persona），尊重他人是人"〔HON 14a，p.81〕。这意味着一种关于主体和主体之间的匿名性。这一维度还预设了一种对彼此的个人尊重，即任何人都无权主张任何道德判断，并表现为尊重他人的决定，只要不伤害他人。这种关系的建立，形成了从个人和道德信仰中抽象出来的法律人格。与此同时，鉴于这种抽象关系的不透明性，法律人格要求对他人的行为和意图的高度信任和容忍。简而言之，根据黑格尔的观点，法律人格的形成已经建立在法律层面上相互的和主体间的认可形式〔HON 14a，HEG 91（第 36-71 节），SCH 11〕。对黑格尔来说，这种自由的前提是在法律层面之外找到的某些结构。"在定义、解释和证明自由之前，自由是不能受到保护的。因此，消极自由不能单独存在，而是以审议过程中涉及更多社会自由为前提"〔ROS 08〕。黑格尔所描述的相互认可的形式在今天是为我们实现目标的行动辩护的必要实践。虽然这些目标确实经常上升到前政治水平，但为了实现这些目标，我们往往必须能够证明它们是正确的，或者至少能够与他人建立关系。根据拉兹（Raz）的说法，这些权利本身是从局限于法律自由的做法和态度所不能产生的价值观中产生的〔RAZ 86，HON 14a〕。

概括地说，我们可以用霍耐特的话说："法律产生了一种个人自由的形式，其存在条件既不能创造也不能维持。这取决于与实践的伦理环境的一种仅仅是消极的、破坏性的关系，而这种关系反过来又依赖于非法律合作主体间的社会互动。"〔HON 14a，p.86〕

因此，我们需要转向不同的层面，以便找到自由的条件是如何由法律之外的自由的表述而带来的。

3.3 ｜ 道德自由

正如我们已经说过的，消极自由的维度是以没有外部障碍为中心的。然而，这种观念只考虑外部障碍，拒绝接受任何内在规定性。正如我们所说，这个概念是由像霍布斯这样的思想家提出来的，他们在寻找"道德战争"的解决方案，因此他们将道德等同于宗教，将宗教等同于超越性，同时，将政治手段合法化。由于显而易见的原因，反思或道德方面不能在实现自由方面发挥任何作用。

另一方面，历史上另一个平行概念强调，自由领域是能动者与行动之间的一种反思关系。更确切地说，这些障碍不再是物质性的外在障碍，而是作为能动者的主体行使自主反思意志的内在障碍。突出的一点是，为了被认为是自由的，能动者必须能够按照不受外在阻碍或操纵的意愿行事，即自我决定。因此，界定这种反思自由领域的不再是针对没有能动者采取行动，而是主体采取行动的可能性。积极的这一面正是伯林将这种自由与先前的消极自由概念区分为积极自由的原因［BER 02］。

尽管我们不能将反思性自由简单地认为是消极自由的发展，但只有从卢梭的工作和他在《社会契约论》和《爱弥儿》中的自决理论开始，才能找到一种精准的表达［ROU 68，ROU 79］。在前者中，他提议用自愿承担的法律来验证自由，而在后者中，他解释了如果脱离了意志的理性过滤，物质性本身如何不能代表外部障碍。换句话说，我们可以从卢梭身上找到关于自由意味着什么的两种同样有效的观点。如果第一种观点将自主定义为基于理性洞察的个人自决，那么第二种观点则侧重于理性在表达作为自我实现的激情时所承担的角色。我们发现，对于理性在决定自由的表达中所扮演的角色，我们有一种模棱两可的理解［NEU 00，ROU 68，HON 14a］。卢梭的理性并不是线性的，而是为自主性的不同解释铺平了道路。事实上，要说有自由意志，我们可以通过自由意志来决定我们的行动，同时又说一个主体有权选择激情或理性，就会产生一种不容易解决的模棱两可的二分法［HON 14a］。事实上，反思性自由这一宽泛的概念有两个方面的解释，即在自决和自我实现中所看到的引发争议的两端。

从卢梭开始，两种流向将自由的内容发展为基于欲望和激情作用或纯粹理性的反思性自主。

在康德的著作中，我们可以看到卢梭思想在后一种意义上的发展［SHE 15］。康德将理性与意志的关系作为自由的运用进行了详细的阐述。然而，这种众所周知的关系是复杂的，并且在康德的著作中一直在变化。

利科认为，康德对自由概念的发展经历了三个具体阶段。他在第一批判中从一个静态的自由概念开始进行了认识论—本体论意义上的描述［KAN 98］。在第二批判中发展出了动态的和道德律的假设［KAN 97 RIC 00，KAN 98］。在第三个阶段，特别是在他的政治著作中［KAN 79，KAN 09］，他将对自由的后一种理解置于基于相互认可的制度和司法框架内。

在《纯粹理性批判》［KAN 98］中，康德将自由定义为与自由行为与因果链间的二律背反有关，这一种矛盾一直被用来表征人性。在继承了自由的伦理—宇宙论的双重根源的基础上［RIC

00］，康德在自由自发性和必然因果性的结合中对自由做了扬弃。然而，对于康德来说，必然的因果关系只存在于经验层面，而自由的存在则必须在理性层面寻找。这位德国哲学家不得不得出这样的结论：自由首先是理性所体现的一个先验条件。

换言之，自由是一个与理性相一致的本体论—认识论前提。"理性［……］是人类表现自我的所有自愿行动的永恒条件（erscheint）"［KAN 98，p.358］。康德强调，人的行为的效果如何可以追溯到其主体为了运用理性而必须拥有的自由。"理性，抛开事实上所有的经验条件，是完全自由的，而这个事实完全被疏忽了"［KAN 98，p.359］。同时，它也没有失去与必然因果关系的密切联系。解决第一个动态矛盾的操作就是把这两个方面放在不同的计划上。一方面是时间的开端与因果链；另一方面是在这个链中包含的自由行动。康德在第一批判中的美和激进主义，在这种关系中所提供的力量是显而易见的、实用的，而不仅仅是概念上的。自由被嵌入到一种超越它但却能起作用的语境中，从而改变了它所嵌入的框架。其根本性和超越性的一面是，人类认同于其理性中所蕴含的自由，但与此同时，美也因为这种激进的自由，可以自发地改变事物的进程及其存在的内容。因此，这里的自由假设了这个双重的先验框架，自由本身以内在的方式行动。

康德在第一批判中的概念化的深度代表了我们理解自由的复杂性需要依赖的一个基点。

然而，尽管我们不能错过这些迹象，但康德在第一批判中的自由仍然受到静态形式主义的影响。重要的是要强调，不管发生了什么，根本的基础是静态的方面，对于这个静态的方面，自由已经隐含其中，然后意志将立刻发挥作用。目前还不清楚，使用自由行为的条件是什么。根据哪一个目标我们可以定义一个行动是自由的？简言之，在本文中，自由的定义没有必要根据规范性立场来表明它不仅仅是一种因果关系。我们可以预见关于实现自由的必然性，但这一点，至今也没有得到清楚的解释。

阿瑟·瑞普斯坦（Arthur Ripstein）出色地强调道，这里的一个关键解释是，规划能力的前提是自由的身份和行使自由的能力："独立的核心理念是对人与物之间区别的清晰表达。人是能够设定自己目标的，而事物则是可以用来追求目标的。康德遵循亚里士多德的观点，将选择从单纯的渴望中区分开来，理由是，要选择某样东西，一个人必须采取自己的手段来实现它。你可以希望你能够飞行，但你不能选择去飞行，除非你拥有或者能获得使你能够飞行的手段。从这个意义上来说，在概念上，拥有追求目标的手段是先于这些目标设定的。首先，你设定自己目标的能力源于你自己：即你枚想目标的能力，以及你追求目标的任何身体能力"［RIP 10，p.14］。然而，在这个阶段，规划和促使代理人这样做的原因之间的联系还不完全清楚。对自由的内容和行使自由的实质形式仍缺乏实质性的论及。正如利科指出的，康德在他的第一批判中提到的自由是一种空的先验自由，"等待它与法律的道德观念关联起来"［RIC 00，p.18］。目前，他笔下的自由是"难以理解的自由"［RIC 00］。

然而，在第一批判中提出的基本直觉的重要性在于，自由首先可以被视为使用理性时隐含的原始条件。康德所遵循的两条进路同时代表了将必要的自然过程与实际事件区分开来的可能性，其中自由代表了人的可能性本身的条件。同时，这种区分并不意味着一种破裂，而是一种互补关系，这种连续的联系体现在普遍的可能性条件中隐含自由的自然必然性。这种自由事实上是由理性提供和体现的，理性是自然和人类维度之间的不可分割的联系和弥合点。正如利科所指出的，"自由和自然因果关系的'动态'的矛盾赋予了一种调和，即在两个不同的层面保留命题和对立面，即条件链的有限回归导致的无条件的条件的无限回归"［RIC 00，p.18］。

我认为，为了发展一个互补的自由概念，我们必须遵循这种提法，它并不意味着不同维度之间的相互削弱或不可通约。

然而，康德通过将自由纳入道德和法律必要性的结构中，打破了这两种情形之间的辩证法。

在《实践理性批判》中，康德将自由不再作为一种道德行为的自由，而是作为一种道德行为的自由的回应。在第二批判中，康德定义了他著名的理性、意志和自由之间的对应关系。从本质上讲，自由必须是自己决定行动理由的能力，而理由的正当性必须根据普遍的理性来建立。这意味着我们的行为也是基于对其他个体的尊重，因为他们也是自我决定的存在。这样，康德就可以肯定自由与道德律的一致性。"任何不考察自己的行为是否能被所有人接受从而成为'普遍法'的主体都是不自由的，因为它不让自己受理性审查的动机的引导，而是受自然规律的指导（naturgesetzlich）"［HON 14a，p.97］。在这种决心之下，我们可以理解黑格尔将反思性自由与道德自由等同起来的原因。

正是通过这种发展，康德后来才把进步定义为一种自由的行为，其逻辑后果是，所有的非理性行为都不是自由的，因而不会产生进步。

科学与道德世界的分离是对实践理性批判的发展，康德将法律与伦理结合起来，这对两个领域的关系的延续具有决定性的影响。然后，我们必须通过康德的后期著作，来强调他在科学和道德之间所作的强有力的划分，提出了一个双重的社会概念，它仍然推动着我们对它的共同理解。

在《论学科之冲突》[KAN 79]中，康德认为科学方法论和规范维度之间存在二分法，正是因为前者意味着缺乏自由。在这一点上，康德所考虑的自由不再是第一批判中提出的自由，而是在第二批判中依照道德律发展起来的自由。对康德来说，科学知识不是自由的领域，因为它不能由道德理性决定。而进步只能由自由产生，因为它来自规范性方面。因此，康德的进步不能被视为属于科学，而是属于道德维度，因为前者的事件是无法预测的，不在我们的能力范围之内。只有在后一种情况下，在道德史上，个人才能增加他们的自由并取得进步。康德解释说，中立意义上的进步是"对未来即将发生的事情的历史性叙述，因而是对可能发生的事件的先验陈述"[KAN 79，p.141]。然而，这种远见在任何情况下都无法参与到人类的自然进程中，而只能与人类道德史的发展有关。康德根据一个与尊重道德法则的义务相一致的自由概念为这一假设辩护。因此，道德历史的连续性事件可以被描述出来，但不是被限制的，因为道德代理人必须遵循特定的普遍性假设，所以可以被解读，才能获得自由。事实上，康德以法国大革命对欧洲人口的影响为例来说明人类的进步"必然是一个被赋予自由的人的行为（或一系列行为）"。进步不能归于一系列具有因果关系的自然事件，因为这些事件不是来自自由的，因此只能将其归功于一系列的行动。康德在他的整个文本中，经常告诫我们要警惕预测事件的说法，根据他的观点，这通常隐藏着一个战略计划，通过"准确地执行必要的行动来召唤他"［KAN 79，p.143］。那些想要预测未来的人通常会以最适合他们的方式准备好事件，他们已经意识到了可以把认识论绝对主义当作工具来使用［KAN 79，p.143，VON 93］。

康德在这里告诉我们的是，进步是一个人的行动的唯一结果，这个人可以被确定为发起人，并且必须预先假定一定程度的自由。这不可能发生在科学维度中，在科学维度中，事件不仅掌握在因果链的手中，而且也掌握在偶然的手中。

只有在道德领域，我们才能尝试去诚实地预测未来。如果进步是自由行动的结果，如果自由与普遍理性一致，那么，就必须遵循这一"历史"进程。这意味着，某些不自由的行动，即没有根据理性作出的行动，将无法创造出进步。这些考虑对发展进步具有决定性意义，因为它是反思性的，因此也是道德自由。一方面，将某一行为归于某人，说明了人性的必然，也就是说，只能把一个行为归于有理性的人（而不是一个对象）。另一方面，这种理性的归属是与理性本身所固有的自由密切相关的（因为是隐含的）。从这个意义上说，似乎很清楚，只有基于它所隐含的理性和自由，创新以及所应与之相关的进步才能被如此理解。

有趣的是，康德把自由与科学以及自然本身相并列。实际上，这个领域不能被认为是自由的，因为它不是基于规范性的假设。而当前讨论的自由是规范意义上的理性发展。

康德著作中的最后一个阶段强调了我们可以总结的几个不同方面。一方面它告诉我们，好的发展，即进步，只有根据规范性的理由才能决定。对既定秩序的任何修改，如果不是规范行动的结果，就不能被定义为改进。康德想通过这个陈述达到一个双重指示。首先，他需要提供一个标准用来判断一种修改是否就是一种改进。我们如何能够区分好的和坏的修改？康德意识到，并不是所有的变化都可以被判断为进步的象征。就像他在第二批判中所描述的，他发现标准是产生于理性的规范性。第二点，康德肯定地指出，一般而言，创新必须设定并背离规范的立场。为了达到与理性规范相对应的目标而计划某件事不能被视为进步。然而，这种双重指示具有相同的目标和精神，因为它基于康德明确指出的一个主要前提，即进步是建立在自由行为之上的，基于自由的运用。在这里康德告诉我们，创新的理由和目标是为了自由本身必须进行的自由实践。

然而，另一方面，康德在科学与规范性之间作出的强划分，在欧洲思想发展过程中一直积淀至今。

没有必要找出所有像马克斯·韦伯那样基于此种二分法从而发展出自己理论的作者之间的不同。只需回顾一下，由科学和社会之间的关系产生的大部分主要困难如何源于这样的二分认识，使得社会中这两个领域的人认为相互理解是不可能的。从所有试图弥合这两个领域时所必须面对的复杂性当中就能知道这种二分有多么深刻。

将自由作为反思自央，这一划时代观念转变代表了一种以自由为基础的社会关系的主要参照模式。然而这个意义非凡的概念，带来了两种假定的理性间的二分，以及在今天看起来已经难以调和的两个世界的二分，因此造成了一些问题。

毫无疑问，康德正是以最激进的方式发展了自由的思想，认为自由是由双重性质形成的。一方面，自由作为一种状态，是一切富有理性的人的认识论—本体论原则。这种自由意味着理解的能力，并因此通过自由、自发的选择作出回应［RIC 00］。另一方面，同样的自由随后被封闭在其认识理性（epistemic rational）的维度中，并转向一种动态形式的道德品质。自由作为一种状态，最初是空的［RIC 00］，然后充满了道德法则，耗尽了它所有的理解力（senses）。尽管如此，在康德这里自由仍然得以显现，为了能够解释自由的真实性，他不得不意识到基于认可的主体间结构的必要性。

自由的适用性使康德意识到自由是一个参照系，对此他尝试加以发展。尽管康德关于法定的自由概念要求他不去考虑法律和道德之外的其他应用。事实上，同样对于康德来说，尽管他强调法律的作用，但这种自由除了代表一种原始的认识论条件［我是理性的，因此是可归因的（ascribable）］之外，还具有实际的作用［可归罪的（inputable）］。这种自由必须由制度来保障，制度可以把个人的自由与其他人的自由联系起来。在第二批判中，康德已经开始担心这种只能以道德—司法形式表现出来的自由的实现。如果说在《纯粹理性批判》之中，这一二律背反（antinomy）表达了因果性与自由之间的明显对立与辩证关系［KAN 98］，那么《实践理性批判》则明确指出道德律对康德来说是自由的历史性和普遍性内容［KAN 97，RIC 00］。《判断力批判》也是围绕着如何实践自由进行论述［ARE 82］①，但最重要的是，在《道德形而上学》中，康德凭借他在政治意义上的直觉，朝着伦理与法律之间不可渗透的、模糊的界限推进。正是在这部著作中，康德最终确立了认识论与政治之间的通道，强调存在于思想与现实之间

①具体的讨论，请见第三章参考文献［HOFO］和［KAN 01］。

的距离。

　　自由首先代表的是一种内在的先天条件，它必须能够在一个政治层面上实现，在这种政治层面上，这种自由的可能性才可以得到验证。如果说自由是一种理性原则，是每个人的固有权利，那么，这种自由也必须具备实现和实施的现实条件。根据约瑟夫·拉兹所肯定的，自由不能仅仅以单数形式与理性联系在一起，而必须在复数话语中加以翻译，目的是投入到多种理性之间的边界领域［RAZ 14］。

　　因此，制度的作用无论如何都不能被视为工具性的，而是作为对不完美世界的一种补救措施［RIP 10，pp.8-9］，但必须以自由的可能性为前提。在康德那里，这种制度性的作用仅限于司法—道德领域，这一点是显而易见的，也是康德体系连贯性的必要条件，但这也就将自由限制在了抽象的，最终是程序性的角度当中。

　　康德的概念首先是以最大的力量向我们展示了自由作为理性的自觉，反思的自由。对康德来说，消极自由是不够的，因为它不需要依靠自我决定来回应自由本身。"只有主体把自己的行为限制在没有任何强迫痕迹的意图或目标上时，他们才是真正自由的"［HON 14a，p.34］。换言之，消极自由必须服从并认同一种以意志为基础的自决的自由。康德认为法律是道德的一部分并不是偶然的［KER 15］。同时，康德哲学的道德观在这个意义上也是最强大的，它将反身性（reflexivity）发挥到了极致，并向我们展示了所有相关的限制；一种程序性的自由将我们导向了过程，最终导致了对社会现实的无视。这些程序可以尊重这些规则的假设，但不能应用它们的结论［FER 02］。正如冈瑟（Gunther）、费里（Ferry）和威廉姆斯（Williams）所强调的那样，我们接受的论证规则并不总是与促使我们行动的规则相同［GUN 98，FER 02，WIL 84］。在这个意义上，康德哲学中的自由并未提及能够使自由在主体间和内在的获得发展的经验的和社会的条件。

此外，自然科学和规范维度之间的二分法表明，理解并发展出一种各方面社会关系的互补性办法是不可能的。这种二分法在20世纪被继续以其他方式加以讨论并指出，不可能将每个社会领域的发展动态理解为是相互关联的。这种断裂阻碍了我们理解不同的关系及其之间的相互交织，也阻碍了我们发展出一种包容和互补的视角。

在综合的过程中，康德也许为我们提供了关于处理自由—责任关系的第一个途径，但最终却将其局限于道德和司法方面，没有能够表现出不同维度之间的联系。如此，自由的确可以在合法化方面获益，但在效力方面却几乎失去了一切。

另一个传统源于卢梭的自由理念，其主要关注于主体性的激情方面，这可以在其鼓吹者赫尔德那里被发现［HER 02］。赫尔德对自由的理解是与自我实现而不是自我决定有关，他关注每个能动主体所拥有的独特灵魂。这些灵魂需要被照顾，才能通过一个反思的过程来展开并且成长。对于赫尔德来说，主体天生就被赋予了一个需要通过反思来揭示的独特的灵魂。只有达到这样的目标，主体才能真正自由。

不难看出康德和赫尔德方法的相似之处，即反思在确立自由中所起的决定性作用。当一个能动主体的行为是经过反思的意志的结果时，他就是自由的。

同时，两位作者之间的差异也同样明显。如果康德的自由意志是一种自主的、普遍的理性的结果，那么在赫尔德这里，自由就是一个探求能动主体欲望的历时过程的结果。在赫尔德的著作中，情感或激情已经被赋予了重要的意义［HER 02，MEN 12，HON 14a］。两位作者都采用了卢梭的观点，并以两种不同的方式予以否定，这将对反思自由思想的最新发展继续产生影响［HON 14a］。

康德的反思模式在 20 世纪被不同的作者采纳和修改。一个最重要的例子是，凯尔森和哈特以及新康德主义者们在处理司法实证主义的问题时，都以某种方式激进地采用了康德在第二批判和《道德形而上学》中提出的理念。

然而，我们在反亚杰以及哈贝马斯及其"交往行为"的著作中，发现了与以往不同的反思自由的表述。前者将"本体主体（noumenal subjects）的理性能力简化为一堆经验技能"，哈贝马斯则继美国实用主义之后推动了主体间性转向，"将道德主体定位在一个交往共同体中"［HON 14a，pp.34–35］。

哈贝马斯试图用康德哲学中的自由来推动道德共同体的建立，在这个共同体中，主体承认自己是共同体的成员，并且"他们学习将自己视为与他人合作从而产生的普遍规范的接受者"［HON 14a，p.35］。在这个命题中，我们发现了一个与康德非常类似的观点，即赋予理性以决定性的作用。哈贝马斯渴望的主体间的自由没有考虑到作为其基础的制度层面，而是将社会置于一个智识层面。如果说潜在结果不能促进个人自由的增加是众所周知的，那么鉴于理性话语的支配地位［HON 90］，对自由来说由于制度层面的缺乏所带来的风险就不那么明显了。这里的问题在于，为了某种类型的共同体发挥效力，甚至只是可能发挥效力，就需要认可他们的身份和做法，从而将其纳入制度机制中。否则，就不清楚他们的贡献如何能够影响社会现实［HON 90，RIP 10，RAZ 14］。稍后我们将回到这一方面。

不论怎样，不仅康德的理念被采纳了，同时，根据一种建构主义和叙事视角，赫尔德的例子也得到了遵循和发展。无可争辩的是，我们不能再依靠形而上学的方式来理解这个问题。因此，自我实现成为一种身份建构而不是发现的过程。我们发现这种方法的几种变体，但是法兰克福（Harry Frankfurt）［FRA 88］和麦金太尔（Alasdair Mclntyre）［MCI 84］提出了更精确的理论。

为了推进我们的观点，我们可以在反思自由的基础上强调两个原则，即自我决定和自我实现，二者的不同在于，它们在如何获得自由的实质性或程序性的强调上存在差别。

如果我们遵循康德哲学的自由模式，那么结果就是一个通过理性决定的普遍原则来看待所有人的合作的自由概念。从这个意义上说，我们自由的实质及其经验主义的成就即是以程序框架束缚的外部因素。这种关于道德自主性的观点不能决定这一体系的实质，"由于概念的原因，这个理论无法预见能动主体必须自己作出的决定"［HON 14a，p.37］。

另一方面，作为自我实现的反思自由的概念可以被视为提供了实质性的内容来决定这意味着什么。根据霍耐特的观点，我们在这里发现了两个子群（subgroup），二者的区别取决于这种实现是个人主义的还是集体性的。前者可以以约翰·密尔（John Stuart Mill）的一些著作为例，他主张政府干预，以创造和维持那些有利于个人自我实现的条件。虽然这主要集中在教育方面，但这是第一次尝试促进一种制度性的方法来实现反思性自由。

另一种观点，在目标上是相似的，但在它所采用的手段上有所不同，它的核心是个人的自我实现始终是"一个只能在集体行动中展开的社会共同体的表达"［HON 14a，p.39］的前提。因此，理想的社会秩序是实现共同目标的条件之一。于是，社会成员聚在一起讨论和公开协商们的共同事务。因此，在公共领域内主体间的辩论必须抓住一种"集体形式的自我实现"。在这里，制度安排是根据维持足够程度的团结和一体化的能力来判断的，通常被视为是实现具体目标的临时工具。值得注意的是，某种程度上我们可以在阿伦特、桑德尔以及哈贝马斯晚期作品中发现这一主要目标的变化［ARE 91，SAN 82，HAB 12］。

　　自由维度的有趣之处在于它的动态性。与消极自由相反，反思自由几乎总是被描述为一个过程，而不是一种状态。尽管康德在其早期作品中把自由看作是一种条件而不是一种过程，但反思自由作为一种行动一直被理解为动态的发展。因此，在这一概念中嵌入的任务是通过反思来确定、增加并实现自由。虽然有道理，无论它是否会根据个人的欲望、激情和信念的表达导致偶然，或者通过理性程序获得发展，尽管有道理，自由被认为是一项任务，而不是被赋予的。合作程度和社会态度的水平明显高于消极自由。

　　然而，提倡这种观念的作者中没有一个反对消极的、至关重要的自由观念。他们试图说明的是，这样一个模型并不符合自由的概念，而是代表了激活它的一个初步条件。

　　即使是一种反思自由的模式，尽管它代表了自由的真正含义，也并不足以确定和完善自由的概念［ROS 08，HON 14a，HON 14b］。特别是如果我们考虑到作为 RRI 核心的科学与社会之间的关系，如果不发展一种植根于制度的自由的模式，就很难解决二者之间的分界。反思自由进路的问题在于，它们没有"把使自由得以行使的社会条件解释为自由本身的要素。相反，在提出公正秩序的问题，以及实现这些先决条件的社会机会问题之前，才会考虑这些条件"［HON 14a，p.40］。在这里，这些观点没有充分考虑到制度发挥的关键作用，即（a）"道德目标的制度可用性"，或（b）"实现我们的愿望"所需物品的可获得性［HON 14a］。所有这些条件只有在自由的定义已经确定之后才会发挥作用，就如同它们是社会秩序增加的外部机体一样。

3.4 ｜ 伦理自由

据霍耐特的说法，唯一一个类似嵌入社会维度的反思自由模式的例子，即，可以在社会制度中实现的理论，是由哈贝马斯勾勒出来的。然而，我不确定我能否同意这样的观点，加之霍耐特在其早期作品中对此所做的批判，事实上这令人感到相当惊讶［HON 91］。

根据上述的分析，哈贝马斯提出的概念认为应把社会分为两个部分，其中一部分被认为是规范性，谋求社会利益的共享；而另一部分则被视为工具理性模式的统治［HAB 84，HON 91］。霍耐特当时的批判正是基于这样一个事实，即哈贝马斯这样做并未能向交往共同体的形成提供必要的制度条件。他注意到，制度层面的缺失不仅会使包括或排除参与者的合法性受到损害，而且在社会现实中也不会产生实质性的影响。

交往行为（我认为当时的真理在今天也必须得到一致同意）

是通过表达一种自由的程序性视角来完成的，这种自由并不能解决因认知或道德冲突而引起的经验性问题。我并没有在哈贝马斯的著作中发现任何补充的观点，这与受黑格尔影响的霍耐特完全不同。

设法克服上述限制的自由维度是以促进个体间相互认可关系的制度为基础和代表的。这种自由被定义为社会自由 ［NEU 00，HON 14a，HON 14b］。

霍耐特认为，社会自由只能在黑格尔以及黑格尔传统中找到。只有通过黑格尔，我们才能把自由的社会条件当作自由本身来表达。

黑格尔《法哲学原理》［HEG 91］建立在对那些消极的或反思的自由模式的批判之上。如果说前者的局限在于黑格尔意义上的主体性丧失，后者则是缺乏客观性的问题。黑格尔将消极自由与法定自由等同起来，由于其性质和目的都必须从个体中抽象出来，因此，任何认可都可以根据其特殊性而指定给单个主体，但只能根据法律身份。人的独特性不能通过消极自由体现出来，因为其主要基础是平等。因此，自由的内容不能被看作是自由的，而客观现实"必须继续被视为同形异义的（heteronymous）"。因此，这种自由并没有延伸到与其自身的内在联系那里，所以也就不能完成自由的概念。

与此相反，黑格尔继康德之后，将反思自由视为道德自由，却有着相反的困难，即缺乏客观性。反思性自由的概念以某种方式预设了一个能动者根据自由意志决定自己行为的能力。无论我们的目标是实现自我，还是争取自主权，只有在我们能够自我决定自己的行动时，自由才能得到承认。

当黑格尔批判康德的方法时，没有考虑到循环性这一应用标准的有效性。黑格尔认为，康德并不认为实体和制度方面是必要的。必要性只存在于我们实现这些方面合法性的程序层面。"康德的程序主义方法可以假设所有可想象的目标和意图，只要它们符合（道德）反思的条件"〔HON 14a，p.56〕。这被证明是一个悖论，因为康德认为，这些问题是可以通过程序过程达到的，为了获得这些完全相同的程序，必须预先作出假定。黑格尔将反思性自由的概念与程序主义理论视为康德模式，因为缺乏外部结构作为这种自由的必要条件。然而，这在合法化和适用性之间造成了一个鸿沟，有时甚至是不可逾越的，从而导致了一些问题[1]。黑格尔认为，我们不能把我们的理解局限于一种完全是知识性、反思性或道德性的自由，因为，否则就不存在这种自由的可能性。"如果我们只把自由解释为一种'能力'，一种追求自我定义的目的的能力，那么我们将看到的自由与它的意志的关系，或者大体上与它的现实的关系，仅仅是它对特定物的应用，一种不属于自由本质的应用"〔HON 14a，p.47〕。为了理解起见，那些忽视自由实质性方面的程序主义方法，最终将把一种预先确定的规范或价值观应用于社会，并强加一种不一定被社会所接受的观点。因此，如果我们想要追求合法性与有效性的双重目标，我们就需要克服单纯的程序主义者方法，并将其嵌入到对社会更深的理解中去。

　　黑格尔通过一种视角的转变来解决这个问题，这不是一个简单的倒置，而是我们随着他的说法称之为的"扬弃"。

---

[1] 在这里，出现了接受和可接受性之间差异的更强版本。

黑格尔强调的是，我们本能性地实现同一目标的条件并没有得到保证。这意味着，在现实中，实现这些愿望或表达意愿的可能性并没有被考虑在内。正如我们在 RRI 的论述上所看到的，创新的一个主要问题在于它应用的时机。对黑格尔来说是正确的，而且到今天也是正确的，那就是道德自由不能单独保证这些目标的实现。在道德层面上指定或达到的合法化并不会自动暗示适用的条件［VON 93，FER 02，LEN 03］。

因此，黑格尔需要寻找另一种能够克服消极自由和反思自由局限的自由模式。正如我们所看到的，主要的局限性在于前者缺乏主观性，而后者缺乏客观性。

黑格尔在辩证过程中所要实现的是一种既包含了这两个维度，同时又超越这两个维度的那种自由。一种"扩展了反思自由概念的基本标准，包括传统上作为一种外部现实与主体对立的领域"［HON 14a，p.44］的自由。这种自由体现在对主体间制度安排的多层理解中。

黑格尔的概念化是从外部空间的两种基本形式开始的，即友谊和爱，揭示了社会现实中的这种自由。对黑格尔来说，"这里，我们并不是单方面地在我们自己之内，而是自愿地以另一个为参照来限制自己，即使知道我们作为我们自己是在这种限制中。在这种确定性中，人不应该感到被决定；相反，他只有通过将他者视为他者来获得自我意识"［HEG 91，p.42］。这种理解背后的逻辑是，个体在认识到他者与他分离的时候，会启动或增加自我意识［HON 95，HAB 03，第 4 章］。

从伦理的角度来看，友谊和爱教会我们在他者那里表达自己，反之亦然。因此，这种类型的联结成功地体现了一种外在功能。这种功能需要个人的有意识的预设，同时，也允许他或她发展自身。相互认可仅仅是指在对方的愿望和目标中看到自己得到确认的相互体验，因为对方的存在代表了实现我们自身欲望和目标的条件［HON 14a，p.44］。例如，家庭制度，允许我们保持自己的个性，尽管在一个更清晰的层面上，就考虑到了这种"良心"在外部世界实现的可能性。这种类型的关系所产生的限制，并不会导致自由的减少，相反会导致自由的增加。由于认可的存在，使得外部性对个体性的表达，从严格的反思自由理论所赋予的工具性功能，转移到了自由本身的可能性条件。

爱情和友情显然只是主体间认可的一个基本层面。为了能够涵盖个人自由表达的许多其他方面，黑格尔和我们也必须知道如何拓宽视野，包容地接纳属于社会的其他领域。这意味着需要通过在不同层次上发挥相同作用的制度来证明这一观点的合理性。然而，事实是，通过两个如此简单，同时又如此基本的领域，黑格尔可以合理地发展出一个以自由为基础的概念，作为个体性在主体间的发展。

当时经济理论的发展使黑格尔能够将他的自由和认可理论应用到了经济领域。尽管从社会和伦理的角度来看，对经济管理的关注在他的《法哲学原理》中从来没有提到过，但亚当·斯密的理论使黑格尔能够将市场解读为一种基于承认相互需要的制度。①

黑格尔的概念也可以理解为是对上述理论以及费希特若干年前所描绘的更为静态的模式发展。② 费希特曾试图通过一种旨在满足需求的社会合作模式回应日益增加的劳动分工和财政方面的问题。费希特反对在自然基础上不平等的正当性，他并不把平等凌驾于自主性之上。相反，一种规范的监管体系，可以使个人自由免除滥用权力的可能性，这是基于一种假设的自然法来证明的。费希特的劳动权理论正是他那个时代政治不稳定的写照。黑格尔的基本观点被迪尔凯姆（Durkheim）和帕森斯（Pansons）进行了明显改造，但在术语的使用上没太多不同，即"市场主体必须彼此相互认可，把对方视为经济利益能够保证满足他们自己的、纯粹以自我为中心的需求的主体"［HON 14a，p.46］。换句话说，自我中心的需要和某种自由的实现只有通过相互承认才能实现。因此，不能将市场简化为满足重要需求的工具或盲目行为。黑格尔认为，除了单纯的生存功能价值外，市场对人的欲望、利益和价值都具有重要的作用。正如费希特理解的那样，经

---

① 关于哪些作者或理论影响了黑格尔我们没有太多的材料。罗森克兰兹和其他学者也没有足够的经济技能来理解黑格尔理论的作用。但我们肯定知道的是，他广泛地讨论了斯图亚特和史密斯，但没有提到例如，统治德国的重商主义者Cameralists，黑格尔当然知道这一概念。然而，同样地，罗森克兰茨告诉我们："最重要的是，他对商业和财产关系特别是英国的商业和财产关系着迷，这部分毫无疑问是因为前一个世纪对英国宪法的普遍钦佩，许多人认为英国宪法是一种理想，部分原因可能是欧洲其他国家都不能像英国一样夸耀那么多种商业和财产形式，没有其他地方有如此多样的个人关系形式"。正如他从英国报纸上摘录的那样，黑格尔非常兴奋地跟踪了议会关于"济贫法"的辩论［ROS 44］。关于重商主义，见［SMA 01］，关于尤斯蒂的思想和重要性的详尽概述，见［BAC 10］和［SMI 02］。

② 关于费希特政治经济的精彩分析，见［NAK11］。

济能够并且应该决定个人获得自由的可能性条件的能力。

将存在的物质方面作为实现个人自由的一个必要参数是黑格尔的一种直觉，这种直觉再也不会被湮灭。

例如，帕森斯对其的发展，将市场与其他社会维度的关系放在一起，以分享其对合理性的依赖而非对利润的追逐［PAR 91］。在马歇尔讲座中［PAR 91］，帕森斯试图强调经济的逻辑是如何独立于社会的，而不是根植于社会的。从对社会系统和子系统的总体理解开始，帕森斯展示了最具包容性的一个，代表其他子领域的社会。根据帕森斯的说法，一个社会不仅是一个社会系统，更重要的是它是一个复杂的子系统网络，从整体经济到一个单一的家庭，不仅仅是在不同层面上的包容，而且也是相互交叉的。因此，作为现代社会的子系统的"工程专业"跨越了经济和"政体"之间的区别，它参与了两者的发展［PAR 91，p.13］。在这种社会系统内，我们发现了一种结构上的分化，称之为子系统，这是一种实际性的分化。它不是通过本体论的范畴来定义的，而是通过角色的社会学标签来定义的。不需要深入研究系统工作的先决条件，重要的是要强调帕森斯强调子系统的必要性"来保持它们的边界，但同时适应边界之外的情况"［PAR 91，p.15］，其实，"社会子系统的价值系统是社会的一般价值体系的一个分化的变体"［PAR 91，p.25］。

在此框架下，帕森斯提出将经济和其他领域视为一个更包容的系统（社会）的一个子系统，该系统遵循某些特定的"变量"，但同时也依赖于相同的一般参数。在他看来，经济和其他子系统一样，如果不是因为它的关系性质（基于内部的行动和制裁，以及在其他子系统的认可［PAR 91，p.31］），如果它不遵循外部额外的经济标准（输入），它就无法生存。帕森斯的解释倾向于强调子系统的功能角色，举例来说，就是经济是如何依赖于内部和外部的关系标准的。因此，按照帕累托的最优理论，帕森斯认为，经济效率是许多子系统普遍的通用参数。经济效率"必须被视为所有基本社会制度变量的一个函数［……］关系量必须被视为关系的所有项的函数，而不仅仅是其中的一两个"［PAR 91，p.19］。另外，非经济因素"不是一组或多组'非经济'变量的运行的结果，而经济方面则是不同的和独立的变量集合的结果"［PAR 91，p.16］。

相反，帕森斯向我们展示了，作为一个子系统的经济如何总是依赖于非经济的因素。

当然，这种理解并不是为了淡化经济在社会中扮演的重要角色。帕森斯很清楚，在高度分化的社会中赋予经济一个特殊的角色所具有的重要性，比如在西方民主国家。帕森斯用他的功能主义框架来证明这一观点，强调这种相互联系并不完全是不平衡的，同时也强调了其他子系统是如何部分地建立在某种经济逻辑上的。简而言之，帕森斯帮助我们理解的是，以功利主义的方式，不同的领域能够共存和进化，仅仅是因为它们在社会体系中的相互依赖，这是它们被创造出来的唯一原因，而且它们是有意义的。在帕森斯看来，所有这些子系统都有特定的目标，并且依赖于一种独特的逻辑。因此，一种经济制度必须遵循一些以利润为导向的目标来实现它的本质。然而，与此同时，这一制度也不能忽视其相互依存的本质，这是制度需要发挥的两个功能之一。

作为一个关于制度的理论化的例子，我们可以回想起帕森斯在劳动合同和职业角色中识别出道德组成部分，而它们正是两种旨在通过共享价值来消除市场和社会之间差距的制度复合物［PAR 12，HON 14a，p.188］。

帕森斯的描述只是众多试图揭示不同社会领域紧密而相互依存关系的众多类别中的一种。这些概念试图向我们展示的是不同的社会领域，尽管说着不同的语言，但却有着相同的根源和绝大多数相同的目标，即自由的实现。

然而，对康德学派传统的肯定，正如我们所见，将他对自由的概念限制在一个认知和反思的层面上使他失去了理解自由的各种形式的有用的批判性工具［HON 90，HON 10］。此外，它还产生了对一些社会维度的工具性理解，例如，市场以及创新本身，正是这导致了我们在开始时提到的所有问题。

另一方面，黑格尔及其悠久的学者传统，认为经济是建立在一系列旨在相互认可的制度基础上的，这些制度推动了个体自由的表达。

经济的引入不仅使市场本身成为自由的维度，同时也使社会和自由的更深层次的思想形成了各种互补的层次。这使黑格尔能够在更坚实的基础上证明他的观点，即认可是对自由的表达的载体和过程的基础。正如我们说过的，黑格尔始终坚持认为个人自由只能通过保证和支持主体间认可的实践的制度来实现。根据利科的说法，康德自己肯定了从个人能力的实现中获得的主观确认的必要性。正是在相互认可中，认证和制裁二者的作用和联系才开始发挥作用［RIC 07，pp.75-76］。然而，康德学派的观点局限于用语言和认识论术语来表达这一关系，这是一种普遍的自然法则，通过法律来规范，而不像社会维度的交互作用那样具体。

现在，根据黑格尔的说法，这三种自由的整合是构成伦理领域的一种形式。通过重新强调古代伦理学的重要性，并通过主观自由来完成它，黑格尔成功地将伦理学从被驱逐的地方带回了政治领域。黑格尔还指出了自主性和个人自由的关键作用，说明了如何将其整合到一个客观的结构中，从而实现它。同样，黑格尔不仅看到了原子论（法律和道德）和自然主义（经济）概念的缺陷，而且他还解释了所有与党派偏见或偏见相关的风险。因此，在整个社会的不同维度中，伦理是主体性和客观性的结合。这意味着每个维度都需要将主观的主张嵌入到一个客观的形式中，这样个人就可以和其他人一起识别它们。因此，伦理领域是必要的，因为它提供了自由的机会。对黑格尔来说，"正是在个体之中，这是道德力量被表征为具有表象的外形，并作为一个客观的必然性循环而实现"［RIT 82，p.169］。康德想要通过法律来解决明显的困境，但并不是通过加剧分歧来解决的，而是要通过互惠的辩证关系，超越司法制度的秩序，以一种主观的观点和主体间性的客观现实之间的辩证关系来解决。制度作为自我和自由的实现机制的关键作用在这里发挥了作用。制度是个体独特性的体现，它通过客观语言的手段来实现，从而实现它们的自由。

黑格尔在政治上反对个人在区别和脱离普遍的情况下寻求自由的立场，并反对现有的制度和国家的"完整结构"，他认为这是主观性允许产生于"心、情感和灵感"和"主观的意见和反复无常的偶然"［RIT 82 p.172］。

"黑格尔断言，人必须去决定和去行动，应该在他所处的关系、工作、生活、利益、承担责任和义务的关系中，而不能仅仅是性情层面的内在性。因此，在将道德'扬弃'为客观的伦理存在时，他将个人的道德与他所属的关系的责任联系起来，将正直（rectitude）作为道德现实普遍性建立起来"［RIT 82，p.174］。正如皮埃尔所重申的那样，"制度是一种包罗万象的体系，它是一种对社会行为型塑或约束的信念、价值观、传统、规范、规则和实践的体系"［PIE 99］。

对帕森斯来说，制度是"一种社会制度的共同文化价值模式通过对角色期望的定义和激励的组织来整合到具体行动中［PAR 91 p.39］。换句话说，这些客观现实的制度保留并传达了认可个体之间以及社会领域之间的互补性所必需的行为规范。制度代表第三方，安排双方相互沟通，同时使各方认识到这一互补观点的必要性。事实上，在更激进的层面上，这些制度本身就是自由的表达。因此，他们必须把自己置于他们之间的互补关系中，尊重他们的目标，并通过互惠来增加他们的自由的功能①。

从实践的角度看，这些制度需要促进对它们的规则和角色的理解，以促进相互之间的主观和互补的实践。个体需要了解，制度是他们实现自由的手段。其含义是，这些制度必须假定并基于合理的假设，这些假设可以被理解、同意。

黑格尔在《法哲学原理》中总结说："伦理生活是人类自我的制度现实。"

主观意志与制度之间的关系，必须是相互交织的，相互承认的。"这就意味着，这些都是个体行为的现实，所以它们包含在个体的生活和行为中。因此，美德在个人生活和行为举止上具有同样的客观意义，即只有美德在被给予的地方，制度才能以良好

---

① 约瑟夫·拉兹提出了制度和个人之间关系的一种较弱的形式，他在其中描述了相反的可能性或不可信性［RAZ 86］。

的方式存在［RIT 82］。

因此，制度的重要性并不意味着它们不受批评。制度应该是对个人自由的客观化，是实现主观作用的空间。当个体的生命无法自我发现并意识到自身的内在时，它们就变成了死亡的围场［RIT 82，p.172］。所以，为了回应这一目标，制度需要根据社会和历史的发展，预先确定结构和过程，从而促进其自身的变化和修正［LEN 10］。黑格尔的建构并不站在一个反动的社会模式的领域，他的论点也并不是论证这些制度的绝对正确性，也不主张它们不能受到批评。相反，却决定了它们的长期不稳定性，因为自由的反思性表现在它们的转变中，暗示着司法的可能性。实际上，这两种情况是对同一制度条件下的批评和反思的表现，从而使历史上确定的实践与它们的理性标准相一致。对于黑格尔来说，他们所制定的反思自由和程序主义，是合理管理主体间关系的工具，而不是理论基础。后者是基于制度给予现实社会的主观方面。但是，如果制度不代表这些主观特征，那么就有必要对它们进行修改。此外，鉴于自由也是基于反思自由的，对制度的筛选也是个人与制度自身之间的一种连续的辩证关系。

换句话说，制度可以而且必须根据在由内在需要而决定的历史进程中，通过自由逐渐地假设表达来改变。很明显，今天我们再也无法在黑格尔的社会中找到适合描述我们社会的制度条件了。很明显，公司并不是一个可举例的模型，但同样的事实是，其他类似的形式（专业协会）现在也执行了类似历史进程的功能。这些价值观的发现，以及那些能够在相互主观认可的基础上保证和促进自由的制度的界限，必须被移交给正在进行的社会学调查［BOL 11，CRO 13，FER 02］。

然而，为了避免陷入历史和逻辑上的矛盾，必须保留一系列的永久性特征。首先最重要的是，我们的自由实现和实现的条件并没有减少。对自由作为参考条件和价值的先验需求是不可动摇的。从逻辑的角度来看，它无疑是保证自由的再现性和持续的基本条件。如果没有启用和保留批判的可能性的条件，在逻辑上是不可能成立的。出于这个原因，黑格尔提出了实现道德和司法自由的观点，同时他也肯定，这两种自由一定不能摧毁使它们成为可能的制度。

这就是制度的核心力量，作为"自由"的表达。自由，正如在其不同的衰落中所看到的，可以被认为是一种静态和动态的状态。自由可以是我们所赋予的理论，也可以是某种能力所表达的实践。根据强调的重点是否被放在空间的守恒上，根据一个人拥有的地位的标准来定义，或者需要什么能力来解释，自由将会出现在这两个意义中的一个。但如果没有另一个，这两个都是不可能的。自由总是需要这种双重性质。对于黑格尔来说，这两个意义上的每一个意义都是无法理解的，而要解决两者之间的缺失，我们需要把它们联系起来，然后克服它们。这种自由的双重性质，是静态的，是动态的，在制度中得以实现，二者的结合产生了第三种自由，即作为运用的自由。

我认为，我们不仅可以确定两种，而且可以确定三种必要的模式来充分表达自由的概念。在他们属于自由作为身份或作为能力所表达的两种模式之外，我们可以增加第三种模式，相当于作为运用的自由。

第三种形式是在前两种情况下嵌入的可能性同时也是使其他两种可能性成为可能的一种形式。这三种模式显然与黑格尔所认同的司法、道德和社会维度相吻合。根据黑格尔的观点，这三种类型，只有在它们被嵌入到能实现它们的制度中才有意义。自由，作为一种"身份"，在制度上可以被那些司法主体所嵌入，例如，必须保证每个人都有权利享有受限制的权利的可能性。

自由作为一种"能力"，例如根据杜威的建议，可以在教育和教育发展的制度中找到，因为个人提供的工具可以完善和提高他的自由作为自主的能力。在这一体系中，还包括旨在维持生计和增加物质能力的制度主体。

自由作为一种"运用"，在政治人物中找到了它的现实，它的目标是把进步看作是一种自由的辩证法。

然而，为了让制度实现自由的功能，这样一个概念性的计划需要他们自己就是这种双重性质，即静态和动态的表达。因此，在黑格尔的观点中，制度不是绝对可靠的、是有争议的怪兽，而是在身份和肯定能力的双重伪装下，连接提供自由可能性条件的载体。制度本身必须能够行使自由，增加自由，从而根据历史发展来塑造自己。

因此，制度必须是个体自由的具体表现形式。

因此，在客体性和主体性，理性和社会对应的两个方面，形成了一个新的个体自由的延伸，是可以解决两难困境的合理有效的方面。用抽象的术语来说，我们在这里强调的是，一个过程的合法性并不能保证其有效性，除非有效性的标准不被认为是合法性本身的先决条件。

我们已经简要地看到了黑格尔是如何看待那些旨在维护和促进相互认可的关系的制度，这些条件通过实现个人自由的方式来实现。与此同时，这些制度的性质也不是不理性、模糊或片面的，而是建立在以理性的形式表达的互补观点上，因此也可以根据反思和司法自由来实现自由。考虑到这种建构，我们可以发现黑格尔无法在逻辑上假定这种竞争关系。我们可以这样做，根据霍耐特的说法，我们可以在不同的维度中寻找一个平衡，这是理性的（普遍的）和历史的（偶然的）。正是这两个方面的平衡（反思）使我们能够发现制度必须体现的内容，根据它们被嵌入的社会领域以及它们所存在的角色。这是一种介于哲学和社会学之间的操作。追踪这些内容及其制度化的能力，规范的重建，将会引导我们找到实践的可能性，在我们的语言中，我们将其定义为负责任的或其他的。

这种辩证观点的优点在于奠定了一种有效制度的基础，由于其有效性，可以通过道德自由和法律自由这两个自由的维度来追求合法性。从这个意义上说，黑格尔可以提出自由的社会接受观点，因为概念框架只能根据能够以具体方式识别和调和不同社会主张的载体来扩展。社会，以及它所提供的自由，不再是实现可能的目标，而是实现自由本身的必要性。从这个意义上说，制度必须努力获得并保持这种反思平衡。

对黑格尔来说，我们发现了两种类型的自由，它们必须在不同的社会领域中以明确和平衡的方式相互作用，从而产生积极的第三种理解，这同时也代表了另外的一种可能性，即社会自由。重要的是要把注意力吸引到一种独特的自由之硬币的两面。尽管人们越来越倾向于分析之前孤立的各种子类别，但黑格尔则是让我们回忆起整体并通过关系来描述这些类别。

因此，黑格尔一方面保留了这些类别中自主权的尊严，另一方面又提供了一种能够解释他们在互动中的作用的描述。"他者性（otherness）"之间的关系并不取消个体独特性，相反使独特性本身能够超越其本性强加于它的限制。

　　同时，从历史的角度来看，这种关系必须保持平衡，否则既没有司法自由，也不具有道德自由。这些维度是互补的，因此紧密相连。正如罗斯特博尔（Rostboll）所言，他们需要相互平衡。对自由的一个维度过于关注会破坏另一个轴上自由的前景［ROS 08］。"有趣的是，即使自由的不同维度有时会相互竞争，彼此之间也存在着紧张关系，但它们也是彼此的先决条件，没有自由的维度是完整的"［ROS 08，p.6］。有了这种多层次的自由概念，我们不仅能够理解它们之间的关系的重要性，而且也能够表达自由的精神。正如罗斯特博尔所指出的，应该同时关注几个维度的自由，首先，它们使这些紧张关系的规范性基础和重要性更加清晰。其次，它们给了我们一种独特的分析方法。再次，他们开辟了一些途径，有时他们会克服这些障碍，有时也会在他们表达的不同的自由利益之间进行适当的平衡［ROS 08，p.6］。

　　在这种意义上，黑格尔体系的发展应该被理解，因为它试图提出一种自由的理论，它可以假定内在内容的超验作用。

　　我相信，这种理解，即不同类型的自由在不同的表达中必然相互作用，也能帮助我们理解不同的责任之间的关系。此外，最重要的是，所有这些方面之间的联系将为我们提供规范的和经验的标准来确定评估负责任研究和创新的方法。

　　我们首先要简要地概述一下自由及其伴随责任之间的关系，以便理解它们在伦理框架中的关系。由于这一镜像的联系，我们将能够提出对 RRI［一种有关社会病态（social pathologies）的伦理研究领域］的评估方式。

第四章　责任和自由的伦理视角

在前面的几章中，我们介绍了有关责任概念的几种重要解释以便找出它们之间的差异以及共同特征。我着重指出了它们的共同点在于逻辑和本体论假设，根据这个假设责任总是作为一种相应的自由的结果而存在。

责任概念的多义性提供了相应于自由的各种不同表达形式的一系列理解方式（acceptions）。

保罗·利科的假说，认为责任表征了将一个行动归咎于它的能动者（agent）这种原始现象的新发展，根据我们分析的各种概念来看，这个假说已经被证实了。为了弄清某人与某事的关系甚或将某个行动归因于他，我们预设了一个行动与一个能动者相关联的可能性。这也意味着一个能动者被描述为具有一系列能力，这些能力使他能够行动，使他在最抽象的意义上成为一个人。但是，这个含义包括了一种人类特征，即行动不能被视为一种机械事件，因为机械事件可以独立于意志而存在。意志方面的问题首先是由卢梭引入的，然后，康德从不同的角度再次涉及。从卢梭和康德的视角来看，虽然意志不能被限制在一种主观立场之中，但必须被置于一种与其他意志之间的关系性语境之中。各种意志之间可以通过普遍的方式或者主体间的方式彼此"关联"。这两种类型都预设了能动者之间的差异，这种差异表现在具体自由的背景及其实现过程的不同。我们在此也将彻底探究康德论题与黑格尔解决方案之间的不同［HAB 03，第 4 章］。对于康德而言，自由首先是一种认知决心（cognitive determination）的表达，然后是对于理性道德律的义务性响应的表达。实现的唯一条件是在符合道德维度的司法制度中加以确认［KER 15］。康德将现实分为内在和外在两部分，并且与外在部分相比，他为内在部分赋予了无限价值。因此，康德意义上的认可只限于对作为相互平等的理性能动者以及相应的道德和司法主体的认可。换句话说，这些主体认可他们自己以及他人作为理性能动者，即依据于此获得理性支持的抽象本体论。

相反，对黑格尔来说，自由超越了个人主义和反思性的决心，而进入了制度的多元维度。因此，对黑格尔来说，认可是被实现的，事实上，它以社会制度为前提，而社会制度使认可成为可能。

在黑格尔看来，一种纯粹的理性概念不能对实现自由过程中所遭遇的具体多元性作出响应，因为连接两个个体的第三方相当于一种抽象角色，潜在地异于能动者最本质的特征。理性不能成为基础性的参考或者最终目的，而是一种表达和理解的工具。它一定是一种客体结构，主体的特质嵌入其中。

那么自由以及它与责任的关系就必须通过互相认可的制度结构在普遍与内在的恒定关系中固化下来。青年时期的黑格尔就指出语言、劳动和互动是个体之间形成相互关系的媒介。在《法哲学原理》中，这些工具体现在能够生成相互关系的现实关系中，个体之间通过相互关系实现他们的自由。

有了这个模型，黑格尔设法去除康德式主体的先验性（de-transcendentalize），并通过实现（fulfilling）现代性的三个基本特征来达成目标。

首先，黑格尔在其文化语境中觉察到历史性是一个需要以某种方式予以关注的概念。黑格尔认为先验主体是一个认识论的以及实践上的错误，因为我们的知识起源是历史性的。"一旦我们认可了关于理性标准的历史起源和文化背景，那么问题就出现了，也就是说这些对我们来说有效的标准是否也可以声称其内在的以及对他们自己而言是有效的［……］在这样的理性历史的启迪下，我们必须说服自己把目前的标准作为一种学习如何纠正过去错误观念的结果来接受。基因证明（genetic justification）采取了一种重建学习过程的形式，这种学习过程保留怀疑甚至相对于怀疑论的反对意见，这些反对意见已经把我们从最初天真地接受的信仰中唤醒"［HAB 03，p.184］。

对知识的历史性理解使黑格尔认识到在不同历史背景和不同社会领域之间促成交流的符号维度的重要意义。"历史性世界最重要的特征是行动者相互间分享的符号结构：世界观、心态和传统、价值观、规范和制度、社会实践等等"［HAB 03，p.184］。

现代性的第二个主要特征实际上可以在媒介的产品中发现，它能够在主体与客体（以及主体与主体）相遇之前就构建起关系。黑格尔想要克服主体的超越性，因为主体以一种奇怪的方式将自己与客观维度联系起来，他通过将媒介作为两者之间的独立功能来实现这一点。以语言为例，它与劳动和互动一样，代表了这些媒介中的一种，在这里，它的一般意义是被赋予的，但其用法和创新总是在发展其语义。

第三个特征，也是即将成为理论结构核心的特征，是个体。"个人通过自我归因的独特生活史将自己与其他所有人区分开。他们可以参照自己的生活计划来展示自己，也可以提出被他人认可的要求——作为这个个体"。因此，个人的贡献不是唯我的，而是交织在以认可为基础的社会结构（social textures）中的。

黑格尔把费希特关于这一点的直觉赋予生命，他通过以认可为基础的媒介手段，实现了处于历史地位的主体形象，并与其他主体联系在一起。

这是黑格尔通过批判康德将自由作为独立于语境的主体表达所带来的创新性的扩展吗？通过这种方式，黑格尔成功地提出了个体的三重概念，这解释了个体的多重同一性。

哈贝马斯曾精辟地说过：

"我同时把自己理解为'一个人'（Person überhaupt）和'绝对独特的个体'（unverwechselbares Individuum）。"总的来说，我是一个人，与每个人分享人格——认知、说话和行动的主体等基本特征，但我也是一个无可置疑的独特个体，在一个独特的生命历史中被塑造、去负责并且不可替代。与此同时，只有在一个特定的共同体里长大，我才逐渐理解自己既是一个人又是一个个体。而共同体本质上是以成员之间相互认可的网络形式存在的。成员们承认彼此的角色是人，是个体，也是成员。正是这种共同体的主体间性结构使黑格尔的总体性这个逻辑概念成为"具体的普遍"（concrete universal）[HAB 03, p.186]。

因此，类似的问题也出现在责任的概念中，责任的概念仅限于表达一个能动者的认知能力，就像基于康德模型的各种概念一样。显然，认知能力是将个体转变为能动者的基本条件，因此它使他能够进入自由和责任的领域（flow）。正如利科所强调的那样，这种与逻辑条件相联系的基本概念并不足以表达责任概念中所包含的不同含义。在对行为的行为人的逻辑归因上，我们还必须加上必要的意志标准。因此，我们需要将现实作为实现的具体可能性与意志联系起来。这意味着我们必须把它与外部现实联系起来，外部现实主要表现为一种制度。在制度上还包括作为可能性条件的保障的现实。责任必须保证的未来和个体层面所涉及的未来（the individual plane of spondere）总是与基于相互承认的责任关系结构相偏离。

正如前一章所分析的，所有这些方面的责任都与自由的许多维度相联系。如果实证主义的概念都以认知能力为前提，而道德理论又加上了自愿的一面，那么埃瓦尔德的概念化就是将责任与具有经济属性的自由相匹配。埃瓦尔德特别提出了一种以平等为基础的社会法模式，以抛弃责任标准和自由标准。所有这些概念都告诉我们，对责任标准的分析假定了作为基础的自由的可能性。我们必须强调将责任的观念作为嵌入在相应自由实现中的答案的必要性。当我们问自己：我对谁负责？这包含了更根本的问题——我将对谁或什么作出回应，答案是由责任据以产生的自由给出的。显然，没有选择的情况，机械的情况，就其本身而言不能对任何事情作出反应，它不能为一个结果辩护，正因为它缺乏必要的自由。负责就是对自由的本质和对象作出反应。但自由的本质是被释放出来的，是不可决定的。自由不能在它的内容和表达方式中预先确定。因此，自由总会找到新的表达方式，意味着它以不可预见的方式扩展。因此，责任的作用是维护自由的可能性，也就是说自由的可能性要找到创新的方式来实现自己。责任的最深刻的意义和主要作用是对自由作出反应，不仅要维护它，而且还要就其本身的性质，在质或量的意义上实现它。

在前面章节的启发下，我相信，将责任的不同理解联系起来并解决差异性这个棘手的问题，是非常有益的尝试，它将通过保护和创新自由所必需的伦理框架把它们连接到他们共同的根源——自由。

自由也有不同的理解方式，换句话说，有在不同维度上加以实现的多种表达形式。我们已经看到，在黑格尔的观点中，自由是由包含所有社会领域的三个维度组成的。这三个方面虽然不同，但都是相辅相成的，都有维护和执行个人自由的双重目标。制度中消极自由和积极自由的结合有利于相互承认的关系这是社会自由的模型，这个模型由黑格尔提出，然后由纽豪舍（Neuhouser）和霍耐特加以继承和发展。

在理解了自由的各个维度如何处于一种互补关系之后，我们现在可以理解如何用同样的方式看待责任，并与它必须维护的自由相联系。为了做到这一点，我们将再次以黑格尔的伦理模式作为参考，以评估法律和道德与责任的关系。这样，我们就能够说明各种单向的责任观念并不能对该词所包含的双重任务作出反应。因为，如具负责任研究与创新的任务是提供合法的和有效力的媒介描述，责任必须首先对来自自由的要求作出回应。从这两个方面就能理解责任的还原方法是如何既没有执行其功能，也没有起到聚合作用。也是在那一点上，我们可以颠倒它们的顺序，把自由看作是责任的任务。事实上，我们正在界定的理论建构包含一种互补关系，这种互补关系意味着一种双向运动。如果说责任是对自由保障和实现的回应，那么自由则是我们思考责任的唯一前提。这意味着如果我们只会想到一种法律上的自由，那么我们就无法想象另一种责任。因此，如果我们想要获得一种我们可以真正定义为负责任的方法，我们需要增加自由的表达形式和外延。

我们将在自由和责任的辩证法中使这种循环更加彻底，从而说明，为了获取负责任途径的多种可能性，我们多么需要有利于实现自由的制度手段。正如康德和黑格尔所示，相信个体可以以一种孤立的或非制度化的方式来执行他们的任务，就意味着忽视了自由与因果性之间关系的延展性与复杂性。

为了理解提出一个关于责任和自由的伦理模型意味着什么，我们首先需要解释什么是我们的伦理意图，然后把责任的各种观点作为对自由的回答置于模型之中，以突出最终结果。

4.1 ｜ 伦理学和道德

纵观历史，我们发现人们对伦理学有不同的理解，这就使得我们有必要尝试使用一个伦理学框架，以便根据我们的观点来明确什么是伦理学。如今，伦理学被定义为"对实践推理中涉及的概念的研究：善、权利、责任、义务、美德、自由、理性、选择"（《牛津哲学词典》）。我们需要区分三个不同的认识论层次。首先，伦理学包括"善的一般研究、权利行为的一般研究和应用伦理学"。后者指定不同的规范和原则的好和坏，促进规范人类的选择，行动和行为。这包括道德原则和与特定对象（生命伦理、商业伦理等）有关的所有局域性规则。

与之相关的是道德理论，或规范伦理学，它们研究如何定义善与恶。例如，这其中包括结果主义，根据结果主义，原则和行为的良善取决于它们的结果；义务论（其中重要的是意图的善意或对普遍原则或责任的尊重）或美德伦理，道德主体将"她的注意力集中在自己（或他人）美德的培养上"，而这些美德是独立于其他道德概念的（《剑桥哲学词典》）。道德理论在它们所强调的规范性的来源上存在分歧（即允许采用某一原则的道德理性的类型）。

伦理思考的第三个层面是"尝试理解道德思维、对话和实践的形而上学、认识论、语义学和心理学的预设和承诺"（《斯坦福哲学百科全书》）。后者有时被贴上元伦理的标签，包括对道德语言的考察，以及对研究边界的认知状况（比如道德心理学以及在更一般的意义上对道德理论或道德准则的认识论结构的反思）。

因此，伦理表现为一种不同于道德的东西，通常被认为是包含道德的东西。法律也是如此，法律无论是否基于道德特征，都是进行伦理判断的基础。

这种包容、辩证的视角似乎是合理的。鉴于理解的多样性，我认为我们需要定义一个伦理概念，以回答第一章中强调的困境。当时的问题是，在程序主义的限制下，我们如何通过一种并不空洞和陌生的方法，将两个不同的或冲突的观点联系起来？

根据黑格尔的《法哲学原理》[HEG 91]，我们可以发现伦理学在 18 世纪发生了概念性转变，而这也代表着一个解决这个问题的机会。这样，我们就不会只知道什么是伦理学，还会弄清楚它为什么服务于我们研究的目的。

我们必须从一个基本的现代假设开始。如果一个政治制度的目标是实现与正义相联系的合法性和效力，它就需要保障其成员的自由。无论这一点是如何被设计构思的，现代性进程都一直专注于发展自由的不同形式，要么旨在捍卫私人空间，要么以自主

（self-determination）或自我实现为目标［TAY 92］。

我们在西方社会所能找到的第一种和最基本的自由形式，肯定是通过法律及其在不同方面所提供的平等自由地位来表达的。尽管自由起源于希腊，但认为自由是嵌在法律中的可能性，仅在罗马法中得到充分阐述。然而，正是在17世纪和18世纪的欧洲，权利观变得积极起来，用一套规则取代了以前的特权，并使宪政民主成为权力合法性的一种形式。这一转变旨在确保公民享有同等程度的个人自主权，尽管我们可以强调这一过程的双重性质。一方面，法律权利促进了行动的可能性和获得事物（财产、合同等）的能力。另一方面，它也为个体保留了通过反身性发展个性的空间。"在现代自由社会中，一直有一种广泛的一致性意见，认为如果个体享有了由国家保障的主体权利（基于此，个体就可以探索追求他们的偏好和目标），那么个体就只能将自己视为具有独立意志的独立的人"［HON 14a，p.71］。

这一概念被广泛认为是一种"消极的"和个人的自由，因为它保护个人不受虐待，但不强迫他们采取行动［BER 02，MIL 78，HON 14a］。如果一方面它保证了平等参与政治生活的可能性①，另一方面它可以被视为一个保护个人不受外部现实影响的保护罩。

然而，法律自由并不促进任何形式的行动，而只是定义我们不能采取行动的空间。因此，黑格尔的权利不能穷尽我们的自由是因为它没有定义比简单的空间更多的东西以便个人来决定自己的个性。

------

① 虽然法律没有规定政治参与可以而且应该被设想的条件和程度。

事实上，法律的基础是为了建立和维持平等，而从已确定的案件中进行抽象的能力和必要性。但是如果一方面，由抽象性所保证的平等是社会的一个重要条件，另一方面，它不可避免地忽略了与我们的主体性相连的特殊性，那么它就不能增进自我决定所需的自由。

同样，这种以法律规范为基础的自由应该是对共同生活进行反思和判断的空间，而不仅仅是我们共同发展的障碍。否则，我们应该认为，"非正式的非法律义务、依恋和期望仅仅是我们主体性的障碍"[HON 12a, p.73]。因此，我们不会看到发展共同观点所必需的辩论、相应程序以及所有这些交流结构是如何被置于恰当位置的。此外，在一个现代自由社会中，法律只能通过预设所有的结构和过程来构思，这些结构和过程是法律的基础，并且存在于一个前司法的维度中①。

换句话说，法律由于其抽象的本质，不能覆盖我们个人生活发展的大空间，它在某种意义超越了已经建立的、基本的、共同生活的规范形式。责任的法律定义也是如此，因为法规只能涵盖某些最低限度的空间，这些空间是预先规定的，并局限于不伤害他人的基本律令。然而，法律对责任的理解并不能明确界定我们需要在法律范围之外履行什么样的行为，这使得我们的责任范围和外延相当有限。因此，这种责任只能帮助我们实现对现状的尊重，忽视各种替代的、法律以外的行动。如果从根本上分析，甚至法律的形成也可以被认为是对法律的一种外部行为，导致不可

---

① 我完全知道，这一说法不会得到哈特等法学家的同意，但是我当然欢迎其他的观点。关于这一争议的有趣讨论请见[HAR 08, DWO 78, DWO 35]。

预见的后果①。

正如我们所看到的，我们需要考虑一种不同形式的自由，这种自由能够表达主观特征，并引导主体决定自己。黑格尔对权利绝对化的批判建立在康德著名的法律和道德之间的划分之上，后者成为实现自由的主要维度。

康德是第一个将道德自由的完全自主的尊严作为自决的领域发展起来的哲学家。在与法律维度的区别中，康德强调了法律的静态性质，结果就是法律不可能回应个人的抱负、愿望和需要。此外，权利不能规范那些依靠价值和其他规范而形成法律的反思空间。康德认为，自由不能仅仅通过法律维度来表达，而需要建立在道德视角的基础上。如果主体需要自我确定他自己的"身份"，那么他能够做到这一点的方法就在于他自己，也就是在他的理性能力中。因此，康德提出了一种脱离法律的道德观点，在这种观点中，个人可以从自己身上找到关于自己特定生活的答案和真理。

正如黑格尔所指出："康德在划分法律与道德时，肯定了实现个人抱负的权利的不足。然而，'在正式的权利［……］中，不存在特殊利益［……］的问题，就像我的意志、洞察力和意图背后不存在特殊动机一样'。"②

因此，通过康德建立的道德原则和"人"的内在自我，现代性的决心是哲学性地"带来具有惊人力量和深度的概念，它允许主体性原则发展到顶点，到达自存的（self-subsistent）个人特质的极端"［RIT 82，p.153］。

---

① 见［HAR 08，KEL 05，DWO 78，DWO 85］。
② 见［HEG 91，pars. 37，106 Addition］。

（主观的）自由是指个体打造展现自己的个性以获得自我实现。因此，道德是保证我们自身目标和倾向内在发展的手段。

有了它，人们普遍承认这样一个原则，即自由"是人类前进的最后依靠，是可能达到的最高顶点，不允许任何东西强加于它"；当"权威"违背了他的自由时，他也不会向"权威"低头。为此，康德哲学"大受欢迎"；有了它，我们现在知道"人在自己身上找到了一个绝对坚定的、绝不动摇的中心点"；所以"当他的自由不受尊重时，他不承认任何义务"［RIT 82，p.153］。

康德通过拓宽自由的理解和意义，表达了主体性的进步，并且明确地选择了主体性作为不可侵犯的现代性原则①。从康德开始，如果自由不是作为个人主观决定的表达，它就不能完全实现。

然而，康德对内部世界和外部世界的区分似乎是相当严格的，这导致了一些概念上和实践上的困难。诚然，主体性是现代性的主要立场，没有主体性特征的发展，自由就不能得到充分的理解。但是，说在主体间结构中以及为了共同目的而放弃这些特征的客观化恰恰破坏了实现它们的可能性并没有错。

在这里，我们已经发现了一些由责任概念和 RRI 概念引起的问题，这些概念并没有明确说明道德责任和法律责任之间的关系，或者如康德所觉察的那样把道德责任和法律责任区分开来。这种状况的例子屡见不鲜，尤其是在涉及责任的时候。正如里特（Ritter）所强调的，"康德将内在性和外在性的区别僵化成一种不统一的二元论，这导致了哲学伦理从法律和政治理论框架中分离出来，而随着康德对法律和道德加以区分，法律和政治理论也

---

① 这里没有必要对自由作出自我实现和自我决定的双重理解，因为康德和我们走的是同一条路。

从哲学中分离出来了"［RIT 82，p.158］。

例如，这种道德与法律的分离，即谴责与问责的分离，就是基于凯尔森和哈特对责任的解释［HAR 08，KEL 43，KEL 05］。对凯尔森（包括哈特）来说，责任要么是道德的，要么是法律的，但不是道德和法律的结合，也没有超越它们的东西。如今人们对责任的许多理解都依赖于哈特的概念，但不幸的是，哈特的概念也存在同样的困难。如果我们将这种分裂的责任视角应用于RRI，这些问题就变得尤为明显。事实上，按照这种对责任的理解，每一种情况都只能根据与所隐含的维度和逻辑相关的一套规则和规范来判断。首先，这意味着不同的逻辑之间没有必然的联系，但是，也正因为如此，这些不同的维度使用不同的语言，并且最终能够独立存在。当涉及他们之间的联系时，就不清楚他们可以使用哪种媒介来实现相互理解了。

因此，如果一方面，道德发展作为一种内在规制，允许我们增强自由，那么这种严格的区别就意味着一个普遍的障碍，也就是阻止自由实现到外部维度。

正如里特清晰描述的那样：尽管黑格尔经常称赞康德为这一概念所带来的革命，"但与此同时，这里还有一个因素迫使黑格尔从道德和合法性出发，转向康德框架之外的那些关系"［RIT 82，p.157］。

黑格尔在对道德与现实进行识别（identification）的问题上指出了康德观点的局限性，因为这使得前者成为后者有效性的唯一判断和标准。在康德那里不存在一种颠倒关系，即允许从外部观点"验证"道德，并能促进具体的主体间发展。局限于法律维度的外部现实，不能承担这个功能，只能把主体推入他撕裂的内心深处（lacerated innerhood）。

"因此，康德最初所设想的主观性的存在，就仅限于决定主观性的一切宗教、道德和个人关系的内在性。这里存在着片面性，按照黑格尔的说法，这种片面性使康德学说的伟大之处深受困扰。基于这一点，康德就无法摆脱内在道德和外在现实的二元论。因此，在康德看来，道德是'没有执行'的，它仍然是'应该是'"［RIT 82，pp.157–158］。

然而，对黑格尔来说，这种丢失了伦理现实的划分方式并不是康德的原创观点，而是康德认可的一种现代性倾向。黑格尔特别强调了康德与他的导师之一克里斯蒂安·沃尔夫（Christian Wolff）的关系。正如康德在第一批判导论中提到的，沃尔夫的"科学中的严格方法，是以规则为基础的"原则的确定，概念的明确确定，证明中的严格性，以及防止推断中的大胆跳跃［KAN 98，p.120］。黑格尔指出，克里斯蒂安·沃尔夫的书中包含了一个过程的顶峰，这个过程从基督教开始，提出了反对制度的主体性，最终以一个与伦理制度分离的新的内在世界结束。

"在沃尔夫的哲学实践［WOL 11］中，其正确的部分在于教导自由的人如何根据自己天性而来的法则来决定自己的行为；但与此同时，它又把自己限制在决定自由个体在其内在灵性中行动的法则之内，并将之视为他的人性法则。在这一转变过程中，'习俗'失去了它的制度性，而制度性对属于哲学'政治学'的伦理学来说则是基本的要求。沃尔夫将其定义为'确定（自己的）行为的不变的、永远存在的方式'，因此，虽然有些人认为：'在人类的制度中道德习俗是硬核'，但沃尔夫反对这样的说法，他认为习俗就应该是这样的。它们完全基于'内在原则'。有了这个，制度性伦理生活的概念就被废除了"［RIT 82，p.167］。

因此，康德的道德遵循这条道路，把自己限制在意志的内在决定上，认同了伦理生活的解体，并将道德纳入"哲学政治学"。

然而，黑格尔并不想忽视康德的道德理论，也不想忽视法律的基本作用，而是想要克服它们，或者用他的话来说，他想要将它们扬弃。"被扬弃的东西并没有因此而化为乌有［……］因此，它本身仍然具有它所产生的决定性［……］所以，扬弃同时也是保留"［RIT 82，p.167］。

在涉及不同方面的不同阶段中，所有这些要素都不会丢失，而是包含在一个能够完全实现它们的关系结构中。这种结构是公民社会的现实，在公民社会中，通过法律和道德发展了各种实现自由的形式。

我们可以从这个角度来理解黑格尔伦理学观念的深刻性。

黑格尔引入伦理学（Sittlichkeit）以便与主观意志的道德（moralita）及其"抽象的善"区分开来，目的是在具体的现实中实现主体性［RIT 82，p.160］。黑格尔对伦理学的理解来源于古希腊伦理学的原始含义，尤其是亚里士多德的相关论述。亚里士多德的伦理学是："ethos 的教义被认为是由家庭和城市中个人生活和行为的构成，是在习俗、使用和传统中发展起来的构成物"［RIT 82，p.165］。它属于实践哲学，因为"实践"（praxis）有它的现实，不是在行动的直接性中，而是在它与城邦伦理和制度秩序的融合中。因此，"伦理学"是关于什么是善和对的学说，它决定了个人的行为，正因为他造就了普遍的风俗和规范。它是"政治"的基础，因为政治领导、宪法和法律法规在家庭和城邦的"伦理"构成的实践中有它们的基础和目的（telos）［RIT 82， p.165〕。

　　然而，黑格尔非常清楚地意识到亚里士多德的概念中缺乏主观自由。因此，黑格尔将城邦的客观自由与康德所发展的道德自由的主观特征结合起来。因此，伦理必须被看作是主观需要、价值、偏好，即主观自由　与客观制度相遇的地方。黑格尔希望通过强调这种转变以及内在和外在自由之间的联系，来解决道德因沦落到自我的内在而存在的问题。

　　黑格尔试图采用媒介是在政治和社会制度中确定的嵌入在传统和内在的个人需求和欲望之间的各种关系，即语言，工作和互动〔HAB 03〕。

　　"因此，对道德立场的扬弃就是这样一种形式，黑格尔接着讲了习惯，习惯实践，政治和社会制度，以便把它们理解为主观意志及其善的'伦理'现实，而主观意志及其善是在道德中提出的"〔RIT 82，p.161〕。

　　在这里，我们找到了黑格尔伦理学概念的最后一点。黑格尔不仅试图将客观结构与莱布尼茨早期提出的主观贡献统一起来，而且他还想根据已经强调的历史联系把它们联系起来。这些伦理学观点对于黑格尔来说，是使主观冲动和客观现实的辩证关系进入制度维度，这提高了它的独特性。伦理维度是那些维度的互补环节，在这些维度中，自由通过主体间媒介得以发展。更确切地说，对于黑格尔来说，伦理学是通过媒介在法律和公民社会道德层面上的主观贡献和客观结构之间进行平衡。

　　根据黑格尔的观点，如果我们局限于分析道德或司法维度，我们就不能谈论伦理学。为了实现、表达和扩展自由，我们必须以一种伦理的形式来考虑它，即以它的各个方面的具体形式来考虑它。这意味着一种平衡，一种需要在制度一级确保的几个部分之间的平衡关系。只有当自由具有伦理意义时，也就是说，只有当自由在不同社会领域内保持其各种理解之间的平衡时，自由才会成为这样。"伦理就是自由"，正如黑格尔所说〔HEG 91, p.145〕。

同时，我们强调每一种对责任的观念都意味着相应的自由。遵循这条逻辑路径，我们现在可以在一个伦理结构中连接和整合对自由和责任的不同理解，从而获得一个正式的参考模型来评估RRI。

4.2 ｜ 责任和自由：一种伦理关系

如果自由必须在一个推动自由超越其边界的框架内按照它的维度来构想，那么其逻辑结果就是责任也必须遵循同样的逻辑。我的观点基于两个假设。第一个假设是，在我们找到自由之处，各种各样的责任观念就会出现。不同观念之间的关系不是线性的，每种观念和责任概念本身之间的关系也不是线性。第二个假设是，如果要实现自由，自由必须以一种复数形式，在伦理意义上表达出来。

如果我们从这两个前提出发，那么我们需要发展出能将所有不同的责任观念与自由进行映射（specular relation）的网格。也就是说，我们需要把责任看作是旨在在制度维度中保障和促进个人自由的对策。为了能以责任简单地结束，有必要构筑一幅责任观念的图景，以实现伴随而来的自由层面所要求的功能。

因为，如果（责任）这个词真的来自于动词"respondere"，通常意味着为某事负责，同样确定的是从"di respondere"的根本上来说，我们可以将其中动词"spondere"解释为一种承诺，约定或者应允。通过对词根的解释就将重心从静态维度转移到动态维度，从向后看到向前看。它揭示了在承诺的先验性和承诺内容的内在性之间的以辩证形式存在的约定视角。这使我们能够把责任看作是某种超越了法律和理性的客观性和预先定义了界限的东西。

然后我们需要开始连接各种责任观念，然后统一在一个伦理框架内，以展示责任已经是怎样一种道德（ethicity，拉丁语）表达，以及不公正或社会病态是如何来自某一维度的不公平使用，或来自这样的事实，即这一维度被某种制度所嵌入，不能对其特征作出响应。

更具体地说，我们可以描述几个在涉及责任分析的章节中提到的责任的观念。我不能在这里出于不同的理由去评判针对大量不同领域的读物与那些我曾经分析过的文本是不同的，因此，我将依靠这些文献来发展一种责任的伦理概念。

根据伊博·普尔，责任的概念指的是至少两个实体之间的关系。然而，在这种关系中，我们可以通过法律和道德这两种形式区分出社会中的几个应用领域。

在更抽象的层面上，同时也是更具体的层面上，我们可以发现关怀和个人美德的存在形式。它们是可以应用于不同维度的观念，根据预设的自由的类型和等级，来假定一个相关的范围。

如果按照凯尔森提出的责任概念，那么责任就是使得能动者对其破坏法律的行为进行回应的那些条件，是对消极的自由的回答，是这种自由想要保留的不受干扰的最小空间。对不侵犯他人空间的法律准则的回应，决定了这种自由的外延。换句话说，它并没有迫使我们采取行动，而是限制了它的可能性。责任可以从一个熟悉的、社会的或存在的层面来理解。责任是一个法律的、客观的维度，没有任何的主观特征。

问责（Accountability），如果涉及它的经济意义，是对一种要通过福祉的物质条件的实现来增加自由的物质特性的回答①。

问责介于道德和法律之间，联系着主观和客观的方面，但它是一种错误的客观，因为它没有体现伦理的所有方面，而只是其中的一部分。因此，它缺乏必要的伦理外延。

"可谴责性"当然是指道德层面对道德自由的侵犯［VIN 12］。

道德回应可以追溯到一个熟悉的层面，在这个层面上，我们被要求保证我们的群体相对于其他群体的自决权和（或）自我实现。被父亲强迫选择一种特定的教育方式可能会受到指责，但肯定不违法。但是，应该谴责什么将取决于行动和能动者所处的具体环境。

能动者也可以在主体间承担道德责任，从简单的和明确的语境（家人或朋友）到更复杂的情况（如经济）再到一个场景，在这种场景下，语境不再是确定的，而责任则成为对待"他人"的态度［LEV 98，JON 79，BLO 14］。

这种站在道德层面上的观念将主观方面与客观标准联系起来，但它缺乏一种制度结构。同样，作为每一种道德，客观性仍然被拉向主观方面，并保持在一个冲突的、潜在的、相对的状态。

关怀，站在一个道德的主观层面上，是对自由的回答，它能

---

① 更多分析请见［BOV 13］。

带来更多的东西，一种附加在尊重法律规则和（或）普遍的思考之上或之外的东西。关怀是一种附加条件，是我们被积极号召采取具体行动或通过一种态度，以确保自由将得到保障和促进。关怀是对规定的不完整性的直觉，是对被把握到的缺失的回应。换句话说，关怀可能是主动的和偶然的责任实践，它延伸了自由的表达，塑造了个人的和为在的责任形式。

此外，关怀还可以在一个熟悉的、社会的或存在的层面上采用。如果在一个家庭中想象关怀并不困难，那么正如格林鲍姆和格罗夫斯所指出的，我们需要将其嵌入一个更大的框架中。我们不能忽视这种责任在社会语境中所起的连接作用。"我们可能会说，父母被要求以一种鼓励某种性格特征和行为与社会规范相一致的方式来照顾孩子。［……］因此，他们对未来的责任是以他们对子女的责任来调节的，反之亦然。［……］以这种方式养育孩子的目的是为了让他们长大成人，成为亲人，然后成为完全的、独立的人，能够为自己承担责任"［GRI 13，p.130］。

在一个更抽象的层面上，我们可以思考一下 20 世纪所有具有存在主义特征的诉求。这些方法中的大多数都将他们（others）变成了"他（Other）"。在这些理论的基础上，其目的正是要覆盖在时间、空间或价值上的"他者（othernesses）"之间的距离，而不仅仅是描述一幅熟悉的画面［HEI 08，SAR 93，LEV 98，JON 79，BLO 14］。

然而，关怀是需要、欲望和利益的绝对主观表现，因而缺乏实现自身所需的稳定的客观维度。

按照亚里士多德的说法，美德就是通过理性和欲望之间的平衡来寻求幸福［ARI 09］。在这个意义上，美德不仅仅是作为一种对责任的接受态度，我们还可以把它定义为一种主观的态度，它在不具备必要的客观工具的情况下实现一种道德目的。在某些情况下，它还显示出对替代其实现道德价值的制度的作用的不信任。事实上，即使对亚里士多德来说，美德也是一种可以通过练习、实践来实现和维持的条件。因此，正如伊博·普尔所强调的："作为美德的责任通常主要被理解为具有前瞻性［LAD 91，BOV 98］；它与能动者主动承担的责任和某种态度有关，而与责备（或赞扬）无关"［VAN 12a，p.40］。

美德是一种主观的方面，它通过对主观方面的理解来表达自己，但是表达自己的模式仍然是主观的。这种观念缺乏稳定性和对他人平等的认同，从而无法信任其发展过程中的制度维度。

责任作为一种运用能力，努力达到平衡，引导我们走向联系不同方面之路。

这些理解方式，可能也是关于责任的主要观点，实际上必须通过伦理视角才能联系起来。这意味着，所有这些观点必须被置于一种相互平衡的关系中，以获得我们所说的责任。责任的不同理解是相互关联的，因为它们都代表了伦理视角的可能性条件，就像责任之于自由一样。例如，道德方面，或者说关怀，依赖于法律层面，这必须是预设的，但同时又必须被超越。对法律责任界限的尊重并不排除也不免于与责任有关的道德判断。此外，责任的法律条件的存在意味着一系列的法律以外的责任条件［HON 14a，DWO 78，DOW 85］。

只考虑这些方面中的一个方面，意味着不能对责任基于之上的总是交织在一起的不同层面加以考虑。关怀、问责、法律责任或可谴责性必须被解读为在一个结合点上对各种责任观念的思考，因为每一种都在伦理维度中执行特定的功能。

必须明白的是，对于自由，无论如何我们至少可以识别出三个维度，而对于责任，考虑到其不同的观点，这个问题更为复杂。甚至以法律责任的问责为例，我们最终都能发现一个具体的适用领域，但责任就不能这样说，因为它涉及不同的方面。我想说的是，我们可以接受其中一种观点，但如果我们想谈论责任本身，考虑到它的伦理性质，我们就不能忽视它的任何一种观点和意义。我们只能从伦理的角度来理解这个复杂的概念。

根据我的观点，我们不应该只在法律或道德意义上谈论责任，而应该把责任作为构成我们所强调的几个方面的各种观点之间的反思平衡。责任想要对对方的自由作出回应，不管对方是单个的还是复多的。责任始终是一个关系范畴［VAN 12a］，它之所以是自由，是因为，甚至责任的身份或理解的认知能力，都是一种认可形式的结果。在不同的社会领域中，都可以识别出责任的不同观点，在每一个领域中，我们都不应排除它的任何变化。

毕竟，问题就是如何办调明显存在冲突的或者使用不同语言的维度。但是，冲突存在的事实并不意味着各部分之间没有关系，而且最重要的是，它们不趋向于同一目标。试图定义它们以及推动它们达成同一目标的方式使它们发生了改变，并陷入冲突的角度。道德维度和经济领域正在努力实现的仍然是什么叫自由。但是，实现自由的方法以及自由的定义，即作为对物质需求的满足或作为对普遍道德法则的回应，是实现同一事物的两种不同方式。因此，我认为，一种只有助于发展一方而无视其他方的单方面观点，是间接地违背其本身的。如果我剥夺了某人实现他的目标的机会，如果我的目标是相同的并且会对我产生积极的影响，那么到头来我也会伤害我自己。因此，必须把社会仍旧理解成是同一背景下不同部分之间的关系，那就不能排除构成社会的任何领域，并且促进其发展。这似乎是第一个指标，为了理解责任标准，以便在伦理上评估某一场景，就要充分考虑与这个概念有关的所有观点。它并不是希望在不同领域或部门之间实现机械的平等，而只是不排除任何一个领域，也就是说，任何社会领域都不可能被剥夺行使其自由的可能性。责任的解释所依据的司法、道德或存在主义各方面，必须按照深思熟虑的平衡目标在社会中相互作用。为了使相关的最重要的责任观点，或者是成问题的最必要的社会领域，适应特定的语境，深入思考变得必要。事实上，责任内在的不同方面是不能用线性方程来考虑的，而是需要从内在问题来思考和判断。

然而，正如我们所解释的那样，这个对责任提出质疑的"物质（material）"发现了它与自由的先验联系。责任是对自由作出反应的必要条件。当我们把自由作为责任的内容和它的先验参照时，就出现了一个悖论。一方面，如果说从现代性开始，自由是我们所能发现的最重要的价值和目标，那么，这个概念在历史上的表达方式各不相同。自由对 19 世纪社会的意义可能与今天不同，或者不够全面。即使我们能找到共同点，尽管自由的发展可以被视为一种目的论的建构，但这个概念的内容是多样的，并且将继续以不可预测的方式变化。我们的孩子将如何理解实现自由的方式是无法预先确定的，除非我们有责任给他们这样做的机会，给他们自由选择的机会。

当我们分析与承诺有关的问题时，例如作为责任根源的承诺，责任对象（the addressee）变成了在不同层次上出现的他人，其承诺的内容与这一目标相吻合。我在做什么，为什么做，是两个答案相同的问题。为了自由本身，我承诺维护并因此增加他人的自由，而自由要存在，就需要比保持客观条件更多的条件。它还首先需要根据历史发展对其实施的开放性，这将使内在的清晰度显现出来。

负责意味着在其实现过程中使自由得到保障的可能性。这在逻辑上意味着我们不能预先决定自由将如何被实现，它的表达方式将会是什么样子。这方面需要留有自由空间。这种逻辑悖论表达了自由和责任概念的深度和力量。自由可以作为确定负责任的方法的参考标准，但原则上的自由必须包含不能加以限制的事实，否则我们就不是在维护自由，而是强加一种观点。

因此，责任必须被视为总括术语（the umbrella term），是自由的伦理维度的化身，从而保全自由本身和随之而来的开放性。

但是，我们不必忘记制度维度，也就是黑格尔所说的客观性，这是使责任具体之的基础。在自由的共同根源和共同目标中，必须找到不同观点的结合点。但要保证和促进责任与自由之间的辩证关系，就必须嵌入在制度手段中。一个人在没有必要的制度自由的情况下被要求作出回应，这是一种修辞性的论述，它会产生与自由相同的病态。在某种程度上，这就是埃瓦尔德含蓄地指出的方面。要求采取负责任的态度必须得到具体措施的支持，使每个人都有能力完成这项任务。

一旦我们根据伦理框架将责任和自由联系起来，首要的方面就是空间和时间因素 [HAR 08，VIN 12，JON 79，OWE 13]。人们常常把注意力集中在试图作出准确的区分上。相反，我认为，这种区别应该重新加以阐述，以便形成基于不同层次的统一观点。

　　大多数时候，不容易区分后向（责任）和前向（责任），因为它的确取决于预设视角。此外，以如此坚决的方式限制责任的回旋空间似乎并不是可行的道路，因为由此就可能产生不负责任的空间。相反，责任的伦理目标正是为了激励各种关系形式，而不是孤立的行为。本例中的保险示例很重要，因为它向我们表明，可以为了潜在的未来事件而签署保险单，但只会以追溯的方式变得"有效"。在我看来，法律在这方面也没有太大的不同，它基于身份和行动的双重性质，还有道德。事实上，这种双重性质似乎是实践中责任概念的特点。根据我们在前一章中已经强调的术语来解释这个推理，我们可以说，责任作为一种伦理框架同时蕴含了保守和创新的维度。

　　保守的一面可以在维护现有自由和保证其将来的可能性的必要性中得到强调。从这个意义上说，具有法律—经济意义的行动对规范的重建具有威慑作用，预见不仅通过制裁来教育保守派，而且还将这些制裁作为对未来的威慑。因此，在责任的保守方面，主要以道德和司法维度为特征，它实现了基本功能，类似于乔纳斯等作者所援引的，即保证自由的可再生性（reproducibility）的条件。

　　自由的保守一面也与创新的一面紧密相连，在这方面，责任是对自由最深层意义的回应，是它本身的实现。正如我们所看到的，自由的核心，它的最深刻的意义，是被实现的必然性，并因此以不可预见的方式扩展。实现自由意味着行动，而行动总是因果秩序的一种修正。我们不能忘记康德对自由和进步的证明〔KAN 79〕。虽然康德有意用认知的术语来表述这种关系，但我们可以基于自由的内在必然性把它的意义扩展到促进自由的增加的行动。

出于这个原因，由此产生的责任当然包含法律方面的内容，但最重要的是需要一种努力，即对未来的不确定性的关注。责任的创新之处在于关注和表达一种美德，作为一种努力，使内在显现，以促进自由的延展［ADO 96］。我要再次强调的关键方面是指完成实现自身任务的同一概念框架的双重本性。

在责任和自由的伦理关系中，我们可以强调的第二个双重因素是，个人责任和集体责任是不可分割的，前者总是与后者联系在一起，因为在某种意义上，这是它的前提。

显然，我们需要澄清这个论点，因为不想减少主观性在决定行为后果中的作用。此外，我们并不打算用其险恶的历史应用来提升对责任的集体主义理解［HAB 15］。相反，正是个人的贡献使自由得以行使（exercise），从而也使责任得以行使。与此同时，这一面不能与集体一面明确分开，因为后者代表了某个主体所属的群体的某些规则、价值观或规范的化身，并有助于促进一个一般的行为框架。很难将一个主体从他生活和成长的环境中区分出来，因为它使主体成为他自己。

格林鲍姆和格罗夫斯在评论汉娜·阿伦特作品的这一方面时，强调了集体责任的显著政治作用。"根据定义，集体责任发生在满足以下两个条件的情况下：一个人必须对她没有做过的事情负责，她的责任必须是她加入了一个任何她的自愿行为都不能解除的群体"［GRI 13，p.133］。虽然我同意这个定义以及与大尺度现象相关的效应，但是我认为这两位学者从这一点得出的结论还是相当仓促的。"因此，在一个充满原子能发电厂和核武器的世界里，所有核科学家都对人类状况负有政治责任，无论他们个人对核工业的参与程度如何；或者所有科学家都参与塑造世界，不管他们各自的研究学科是什么"［GRI 13，p.133］。

的确，一些科学家在当前的全球事务中扮演着某种角色，但我认为我们无法说明他们和超大规模事件之间的必然联系。

弗朗索瓦·埃瓦尔德在他的论文中希望，作为个人主义和自由维度表达的责任概念会消失。通过提出一项社会法，他发现了弥补仅仅以个人主义方式承担责任所造成的不公的机会。他的尝试最终是徒劳的，因为这样的制度最终会简单粗暴地消除自由主义的尺度，就是把孩子和洗澡水一起倒掉。他的方法不仅从历史的角度来看是不可持续的，因为个人自由是不可战胜的堡垒，而且在哲学上也是危险的，因为它会阻碍个体身份形成的可能性，而个体身份的形成不能脱离其独特性。

黑格尔强调伦理维度作为自由的实现是基于这样一种可能性，即这个维度可以增加所有个体的个人自由。黑格尔的目标是建立一个集体结构来增加个体的机会。然而，对黑格尔来说，集体绝不是个体的简单集合并使独特性消失。我看不出黑格尔观点中有任何使得个体成为绝对的或消失的风险，因为黑格尔的计划是要克服他所批判的康德和卢梭的单边和片面观点［NEU 00，HAB 03］。我们已经知道了对康德先验结构的批判的拓展，但阅读黑格尔关于卢梭提出的"集体主义"模式的言论也同样重要。"他认为宇宙意志［……］仅仅是一种'共同意志'，它从这种自觉的个人意志中产生出来。结果是，他将国家内的个人联盟简化为一种契约，因此也就基于他们任意的意愿，他们的意见，以及他们反复无常的同意"［HEG 91，par. 157，RIP 94］。在黑格尔看来，集体是一个多层次的结构，在这个结构中主体认为自己被一个媒介所代表，这个媒介能够将不同的个体问题用一种共同的语言表达出来。对自身的认可意味着这种通过制度手段而确定的持续性关系。正如哈贝马斯（Habermas）强调的那样：

"理性所根植的媒介，即历史、文化和社会，都是象征性地建构起来的。然而，符号的意义必须在主体间共享。没有一种私人语言和私人意义可以被一个人理解。主体间性的优先地位并不意味着——回到你的问题——主体性会在某种程度上被社会吸收。主观的思维打开了一个空间，每个人都有特权从第一人称的角度进入。然而，这种独家获得自身经验证据的途径，并不会掩盖主体性和主体间性之间的结构相关性。在一个人成长的社会化过程中，每多走一步，都是朝着个性化和成为自己的方向迈进了一步。只有通过外化，通过进入社会关系，我们才能发展我们自己的内在性。只有与社交网络中的交际纠缠步调一致，'自我'的主观性，即与自身有关系的主体的主观性，才会加深"［FŒS 15］。

在黑格尔的理论中，集体就是我们所说的有组织的社会。

我认为格林鲍姆和格罗夫斯的观点中缺少的是将集体责任作为制度实践结果的理论化，这种实践产生了某种状态的事物，并促成了个人立场的形成。责任领域的危险恰恰是没有注意到积极承认一种道德品质的重要性，即有可能不仅注重惩罚，而且要首先肯定功绩（a merit）。经济激励、功绩和荣誉是所有方面的综合，是对各级执行负责任做法的最大的个人激励。但更重要的是，个人自由，以及与之相关的责任，是使一个行为人能够根据他所拥有的那些方面的特性，形成他的身份。我们不能忘记，根据过去两个世纪自由和责任的发展方式，自由的关键轴心正是自治的个人层面，或者被理解为自决，或者被理解为自我实现。因此，制度必须代表个人责任的可能性条件，这种责任在原则上是单一的，但同时又交织在一种社会网络中，这种社会网络以客观、理性的方式表达因而可以理解。不可忽视的是，这一点使我们站在了我所反对的另一边，即个人责任和集体责任之间的同化太快。"集体"是形成个人责任的主要工具，但这并不意味着如果制度设置不能回应其存在的原因，个人却不能也不应该批评它。个体的关键作用在于发挥他的全部力量去保持维护和改变制度结构的持续可能性。

我们不能忽视制度维度的作用，例如，每个科学家都植根于制度维度，并被其引导。如果一个研究人员对导致这种行为的制度条件一无所知，我们怎么能认为他是负责任的呢？制度条件允许、促进或阻碍实践，具体决定了研究和创新的方向。这些做法是不能摒弃的，我们必须加以改进，而不是加以反对。

因此，如果从集体的角度来思考个人的责任，而不去思考调节主体和集体之间的中介条件，就可能使我们处于一种危险的境地，即忽视体现社会象征本质的制度维度的重要性。

我们一定不能忘记认可所起的关键作用，它由制度推动，使我们从第一本性过渡到第二本性，从而能够在多元语境下表达我们的主观性［HON 14a，RIC 07］。

这是对一种责任的理解，根据这种责任，个人通过制度设置，承担责任，作出承诺，许下诺言，使每个人都能够继续行使他的自由。这种责任不能从一个使之成为可能并推动它的制度维度中割裂出来。

事实上，正是各种制度的这种实质性作用，形成了责任的伦理品质。没有这种可能性的制度条件，就不可能谈论责任，更不可能从伦理意义上谈论责任，因为它将是一个空洞的概念，缺乏必须界定它的价值和规范。有必要再次强调的是，责任的独创性和有效性正是在形式上与自由的表达所赋予的"对等的实质"（valorial substantivation）紧密相连。如果不把责任与假定是自由的选择联系起来，我们就无法界定责任的含义。它将是对维护和创新自由以及自由本身意义的回应。如果不是必须不去预先确定价值、利益和欲望这些可以通过它们来追求自我决定或自我实现的目标的东西的话，那自由是什么？但是，为了使责任能够在自由中找到其内容的内在填充，并达到合法性和有效性的双重目标，它必须在制度中找到一种表达，即这些价值观、偏好和利益的表达。否则，这将是纯粹以责任的合法性为基础的法律或道德概念。但是我们如何看待仅对外部法则作出反应的效力呢？在道德的情况下，我们在哪儿能找到一个共同的基础，使得多元性观点和所有道德冲突都与之相关？正是这些制度必须体现并客观地转化个人自身所带来的所有主观特征。制度，通过主体间的认可，有利于实现并因此发展负责任的行动和创新。制度代表了主观和客观维度之间的联系，但更重要的是，因为它们还具有积极的、创造性的、创新的功能。

这些制度必须承担教育者和基于认可的主体间实践的促进者的双重角色。第一个角色是将主观愿望、兴趣和价值观普遍化，以便使它们能够被理解和分享。由于这种翻译功能，制度安排了一些实践，使个人能够在外部和共享的实践中认识自己，从而首先理解彻底实现自由的主体间性以及表达它的方式。欲望体现在制度实践中，制度实践不仅教会我们满足欲望的"语言"，而且

公开对比之中。^①

这种理解的道德变形可以在采用普遍和理性的规则时被发现，这些规则暗示了方法的合法性，因为它们是基于道德法则的。这应该导向那些能够运用理性的代理人的必然接受，因为这些道德规则是理性的、普遍能力的表达。这方面往往是基于认知知识，并超越它，从而寻找评估的道德正确性。如果我们采用康德的道德和政治学视角的话，那么这正是我们所表达的。这一立场根据正式的、客观的标准扩展了可接受性方面，这将保证技术的可接受性，从而保证技术的效力。然而，由于两个不同的原因，这种方法注定是无效的。首先，在逻辑层面上，我们不能认为理性主义的道德观点是唯一合法的。其他的观念，或道德观念，也可能显示出同样甚至更强的力量。道德立场可能会发生冲突，产生范登·霍温所说的道德过载［VAN 12a，VAN 12b，VAN 13］。采用普遍主义的视角并不能解释那些在行动的理由与接受理性本身理由之间的差异中所表现出来的内在性和现实性。正如莫亚所说，"代理人应该出于基于规则的原因采取行动，但这些原因（规则）得到了其他考虑的支持，而这些考虑不应该进入代理人的考虑"［MOY 12，p.14］。

因此，第二个原因是，可接受性规则（rules of acceptability）并不总是与引导我们采取行动的接受的规则（rules of acceptance）相同，因为前者包含对一个行为侵犯性的逻辑限制［GUN 98，MOY 12，FER 02，BRA 98］。规范的正当化和应用之间持续存在的差异，是一种破坏那些仅根据程序性框架来判断科学实践的尝

---

① 关于认知冲突的概念讨论见［VON 93a］。

教会我们只有通过客观的、外部的方式才能实现欲望。黑格尔说，欲望总是他人的欲望。这就产生了一种个体倾向，即根据客观的方式来塑造他们的动力。即"使他们的动机与这种行为的内在目的相一致"［HON 14a，p.48］。

这个论证并不意味着制度是绝对正确的，或者意味着我们正在提倡一种家长制，因为我们也为制度设想了一个促进者的角色。这第二个功能，仅次于教学功能，是促进主观间的实践，可以根据主体间模式表达主观观点。在这第二项职能中有一个关键部分，根据这个关键部分，如果一个制度没有履行它所设想的作用，或者如果它没有表现出主观特征，它就违背了我们对它所要求我们遵守的方面的尊重。这就要求相同的制度结构不仅要履行其必要的教育角色，以处理态度和行为的责任，各种制度还必须提供一切手段，以便实现这些做法。否则，我们就有可能陷入一种无效的情况，受到意识形态和修辞话语的管制，在这种情况下，人们敦促采取负责任的做法，但却没有措施来激活它们［HON 09，HON 10，FŒS 15］。

这使我们认识到另一个至关重要的方面。一旦明确了如何根据纪律的多义性（disciplinary polysemy）来使用责任，就必须强调在不同的社会领域之间应用责任视角，以支持黑格尔所谓的公民社会中多元互补的方法。也就是说，各方面应发挥作用，以便促进按照自由的平衡以民主协商（a deliberative approach）的方式解决问题［ROS 08］。

这一目标通过采用主体间和对话意义上的道德自由是可以达到的。这种方法有两种基础性的治理问题，二者不同但有联系。

首先涉及不同维度之间的冲突，它们遵循各自的逻辑或程序，如道德和司法，它更强烈地适用于满足需求的领域。这种危险在社会层面上被强烈地感知到，而且这种风险与特定逻辑的事实相一致，例如与消费相关的逻辑，它将其网格扩展到其他维度，而不是偏离它。教育的"商业化"是个问题，已在几个国家进行了广泛讨论，它等同于把高水平教育与核心家庭或个人的经济可能性联系起来。风险在于，只有特定的社会阶层才可以希求一种基础性的制度措施（a fundamental formative device）。在著名的"奥巴马医改"①出现之前，有关医疗保健的争论已经在美国引发了好几次讨论。

在不同的社会领域中，一种特定语法的绝对化会导致管理不善，无法满足其他目的。这种动态使我们对某些制度与其历史发展相结合的原因产生了疑问。不可否认的是，有一些原因导致某些社会部门的管理成本对公共管理来说是不可持续的。认为降低特定部门的成本可以使资源流向被忽视的或历史上新出现的其他部门，这种想法也不是没有道理的。例如［ROD 95］，上网的权利，就像传统教育一样，无疑是个人自由的一个基本组成部分。从这个意义上说，制度机制回应内在紧急需要的必要性是其实现自由角色的基础部分。同时，这些不同性质的、渐进的、可供选择的解决办法必须与这些机构所代表的主题达成一致。对于像教育或卫生这样庞大而基础的基本机构来说，这个过程是非常复杂的，这很正常。然而，自由的伦理维度正是在不同社会领域之间的对话过程中建立起来的，而这些领域中没有一个可以被忽视。

---

① http://obamacarefacts.com/whatis-obamacare/http://www.nytimes.com/2015/09/17/upshot/four-ways-obamacare-has-affected-health-insurance.html?_r=0.

不过，这里的问题还涉及另一个经常被低估的方面，那就是基本面（fundamentals）问题。涉及同一社会维度、逻辑或社会领域的冲突的问题是最棘手的问题之一。我想说，真正的问题是如何解决在同一"语言"内产生的冲突。在消极自由领域，人们最容易发现安全与隐私这两种同等重要的价值观之间的冲突。我们还发现许多其他创新的例子，它们因为在某一个选项上的明显不可能性而陷入死胡同，在经济方面产生灾难性的后果，以及在自由延展方面的也出现某种失败①。

同样，在道德领域，我们也发现了一些明显矛盾的例子，如根据生态标准的强化培育。这类方法往往是为了保障生命可能的条件，但也产生了反响，例如某些产品的价格上涨，破坏了很大一部分人口获得这些产品的自由。在这里，基于这些道德考虑的逻辑似乎是相同的，即保证生存的基本条件。然而，这并不能阻止冲突的发生。这类冲突比我们想象的要常见得多，这揭示了制度作为第三方的根本性角色（fundamental role），即促进共享解决方案的开发。只有通过平衡和包容的民主协商，我们才有希望开发出替代解决方案，不是妥协，而是负责任的创新 [ROS 08，VAN 12b，VAN 13]。

将这些长篇大论总结一下，我们可以说，制度通过其作为促进者和教育者的角色，必须履行三重功能。它们必须体现它们所表现的主观性，并对主观性作出回应。它们还必须通过以主体间性为基础的媒介来做到这一点，这种媒介不仅能使个人相互认

---

① 欧洲压水堆（EPR）案例，特别是在 2011 年的荷兰，或者英国政府花费 120 亿美元来废除它的项目，都与此特别相关，但这种困境也适用于几个与通信技术有关的例子；见 [VON 13]。

可，而且能使他们稳定地相互作用。这篇文章决定了各种制度必须将自己置于一个平衡的关系中，我们需要回忆一下，这不是一个线性的平衡。它的意思是，任何属于某一特定社会领域的制度都应该被忽视，没有一种制度应该成为主要的。这种动态或重平衡（ponderate equilibrium）的关系与制度必须履行的第三项功能联系在一起，这是由历史决定的。制度以客观的形式体现其主观特性，使其能够通过他人表达和实施。在自由的情况下，对于我们的分析有先验的参考价值，制度必须教导表达自由的方式，并促进旨在实现自由的过程。然而，如果自由作为一种概念仍然是使我们能够定位自己的基本要点，那么这些自由的内容就不能被预先确定，因为它们永远是内在的。由于这些原因，制度必须能够履行其历史的、动态的角色，以便在不改变其目标和目的的情况下修改其内容。前两个任务将使这最后一个方面实现最深层的自由意义，它的实现是自由个体的表达。

从同样的前提出发，我们可以先岔开一下，以便简单地说明如果不尊重这些条件，我们将会遇到的危险。

借用一个医学术语，我们可以举例说明社会是一个有机体，其中各部分之间缺乏一致，从而它们之间的联系，产生了忍耐的现象。如果这些现象持续一段时间，变成慢性的，或者过度复杂，我们可能会帮助那些被约翰·杜威（John Dewey）定义为"社会病态"的疾病［DEW 54］。正如霍耐特精到地总结的那样，社会病态比社会不公正现象更深，因为它没有站在一个明显的剥夺自由的水平上。后者是否明确阻碍了获得合作的社会实践，前者"影响主体对三要行为和规范体系的反射性获得"［HON 14a，p.86］。因此，社会病态指的是这样一种情况，即行动者只能觉察到不可能实现其自由，从而影响到他们成为社会一部分的能力。当一个领域停止与另一个领域的交流，或者当一个制度不响应它所设想的目的时，社会病态就会发生。因此，行动者不再感知到制度执行其自身价值、利益、规范等社会实现功能。对主体的认可消失，从而失去了与社会某一方面的稳定平静的关系，产生了一系列的负面影响。

"其病理逻辑在于主体没有把握内在的界限，从而使其实践成为其生命实践的全部。这种自主性的习惯性后果是，个人行为变得僵化和固定，反映在社会孤立和失去沟通的症状中"［HON 14a，p.114］。这意味着社会病态描述了一种制度实践中对理性的错误解释的长期情况。"当社会的一些或所有成员系统地误解了制度化实践形式的理性意义时，社会病态就产生了。他们没有以些许具有创造性的方式遵循这些规则，这些规则的共同行为构成了这种行动体系的社会价值，他们被错误地反映了这些规则的社会意义的解释所引导"［HON 14a，p.113］。

从主观性的观点来看，制度可以或明或暗地不再代表它所为之存在的个体性。个人将不会看到自己被代表，尤其是面对社会不公正现象时，或者他们将认为自己在制度中不被承认，从而将这种距离感转化成与社会机制的隔离，然而，他们无法确定其原因。如果这种意义上的不公正可以用对社会实践中的一个或多个个体加以排斥来表示，那么这种病态应该是由不太明确的排斥形式产生的。这里的复杂性在本文中以不可穷尽的形式被扩展，需要不断的社会学处理。哈贝马斯提醒我们交往的可能性正是如此。"然而，今天，政客们对'我们的价值观'日益高涨的呼声听起来越来越空洞——而仅是'原则'的混乱，就需要用'价值观'

作出辩护，这正是有些吸引力，并让我抓狂的东西"[HAB 15]。

正如我们前面所看到的，往往在有些参与形式的进展（evolu-tions）管理中没有自由，但他们也可以生成这些反应[FUN 06]。

从客观性的观点来看，我们可以指出制度是如何不能识别和促进那些能够执行它们的关系功能的标准和语言的。他们可以具体地使用一种媒介，这种媒介并不代表所有的需求，而是根据一个部门的语言来指导交流，他们也可以使用一种无法理解的媒介，从而使个体之间的交流无效。前面提到的关于教育或保健商业化的例子使用了一种经济性质的媒介，这不是所有有关各方都能理解的。在这里，我们还可以发现在"翻译"的完成过程中存在显性的强迫或更多的隐性现象。

最后，历史经验指出了制度明确拒绝接受自由形式演变的各种不公正形式。对婚姻和父母子女关系的不同理解的例子，就是这种必然性和随之而来的不公正情绪的例证。在这种意义上，更多的隐性现象在跨领域制度中得到了有力的体现，在这些制度中，一种制度的历史变化与另一种制度不一致，就像在宗教中，世俗和宗教价值观之间的辩证关系经常导致短路。

总的来说，出现的是理解病理现象或不公正现象的可能性，这些现象使人们注意到那些与为它们所设想的作用相比不正确的做法。无法达到平衡的风险，并且不理性的态度不仅是不公平的问题，同时也反映了这样的事实，即制度之间由于缺乏信任往往导致冷漠[DEW 54，p.122；HON 14a，p.278]，从而引向自由的替代物以及额外的制度形式。在这一图景（或情景）中，我们可以插入孤立主义的形式，这种形式会在机构和个人之间产生一种相互低估的恶性循环，以及多种形式的暴力。

当然，这些情况可以通过对附属于相关制度并对其在特定社会中的功能进行表述的规范语法进行批评和再阅读来进行纠正。这是我们需要强调的方面。必须修复个人与制度的关系，以揭示制度工具作为具体主体的客观表现形式的功能、义务和关系。

　　为了不产生对责任和"自由"一词的利用现象，我们必须要求采取制度措施，使当事人真正自由，从而真正负责。每一种新范式的现代性任务都是保护意愿不受不同应用的影响。批评必须做到这一点，把新概念的发展置于理性的审查之下，这样宗派或操纵的逻辑就不会占据它们，使它们成为一个只会被动接受的工具。为了获得认可，我们必须看到的是可接受性，但当然不是空洞的，而是全面地假定普遍意义上的逻辑和理性特征。这些制度和它们的宣言必须响应它们被设计和宣布的任务。因此，媒介不是程序，而是制度。制度这个工具历经劳动、受益人和使用者，以成为一种普遍的内在表达的媒介。

　　因此，我们描述了责任与自由的关系，这是由于它所体现的多义性。我们已经理解了伦理关系是如何通过制度来客观地实现主观需要的。对于自由和责任，存在着不同的理解和应用领域。然而，自由的唯一类型是一种社会自由，它允许能动者（agent）的自我实现，因此也允许实现各种形式的自由本身（它为之而存在）。这种社会或伦理自由是由在制度内通过客观观点表达个人自由组成的。这种自由的类型学恰恰在自由中找到了它的另一个自我，它是通过制度机制来考虑各种观念的一种平衡。这是基于如下事实：为了使一个规范在其纯粹形式有效性之外是有效的，它也必须（但不仅）是个人决定的结果。以我们所提到的方式理解的责任，作为对自由的各种要求的一种回答，不应局限于"必须是"的寒冷贫瘠的土地，而必须通过对"可以是"的土地的参照结构来开放自己。

事实上，技术创新所带来的变迁以及科学与社会之间的关系总体上告诉我们，规范的有效性与应用之间的空间只能通过制度安排的共同决定来填补。以自由概念为基础的对规范的"道德和认知"理解，经过这个具有决定性同时也被决定的制度框架，而成为一个伦理空间。伦理空间实际上发挥了主动性功能，而不仅仅是一种指导方针，承担了教育和促进的双重角色，是属于个体的创造力的客观参照物。伦理空间是实现自由和责任的维度，在这个维度中，能动者必须相互作用。

负责任意味着作为一个社会公认的道德能动者对被保障的自由作出反应，其目的是维护这种自由，同时通过制度安排来执行这些自由。

为了重新梳理这个错综的网络，我们已经看到，责任本身仍然是一个形式概念，由各种各样的观念形成，其中的关系不能一下就看穿。很明显，我们无法预先确定责任的规范内容，以便不停留在家长式和孤立主义的框架中。我们已经强调了，由于责任的多义性所引起的复杂性，在理论或实践层面上，责任的不同含义本身都无法作出反应。因此，我们必须明确说明每一项责任的可能条件。事实上，所有关于责任观念的概念，无论是在文学上还是在经验上，都假定了一个明确的自由概念。与此同时，我们也看到了自由是如何随着时间的推移而发生变化的，今天仍然存在着对自由的不同看法。为此，我们对自由的特征进行了分析，以强调如何将自由理解为法律自由、道德自由和社会自由之间的一种互补和语词（lexical connection）联系。

因此，根据所提出的三元自由（triadic freedom）概念，我们认为，责任是由构成责任的所有观念的平衡所构成的。因此，责任和自由的目的是这样，即在一个制度框架内将其各方面联系起来。事实上，制度扮演着双重角色，通过制度，个人学会相互认可对方，并发展稳定的互动形式。必须把不同的社会层面以及对这两个概念的不同观念视为一个单一实体的补充部分，并相互作用以寻求一种经过考虑的平衡。这并不意味着必须在所有场合以同样的方式审议其所有方面。这意味着在任何情况下都不应忽视任何方面，以避免有关剥夺自由的现象，这种现象是不公正的并且是潜在的病态。这一规定性方面必须以明确的，或至少是合理的客观形式进行传递，也就是说，通过作为法律（抽象的）和社会（确定的和多元的）之间联系的理性手段。特别地，我们提到了道德、主体间性和对话模式。进入协商维度的能力无疑是每个制度必须作为履行其职责的一项主要任务。只有借助能够揭示附带效应和关联不同观点的沟通形式，才能创造出第三种协议形式，即伦理形式。正是在伦理维度上，自由和责任才得以实现［VAN 13a］。

至此，在定义了责任和自由之间的结构关系之后，我们可以将此模式应用到 RRI 中。通过这种方式，我们将了解该框架以何种方式以及在何种程度上有助于发展研究和创新的伦理视角。

第五章　负责任研究与创新的
　　　　伦理评估框架

在理解了责任和自由是如何通过道德框架紧密联系在一起之后，我们现在可以回到起点，尝试对负责任研究和创新（RRI）作出不同的评估。可以说我们已经将康德的理性及其主观性放入一个外在的、真实的维度中去先验化（detranscendentalized）了。我们通过对主观理性的去先验化而发现自由在它的基础之中，所以现在我们可以将自由以及与之相关的责任先验化。如果我们接受哈贝马斯的说法，那么自由的先验作用就可以很容易地表达出来。这位德国哲学家明确地提到沟通交流，但其描述适用于我们这里的概念化目标，其准先验性的参照标准就是自由。哈贝马斯说［HAB 15］：

"先验成就只有在会说话和能行动的主体的表现中以及在他们生活世界的社会和文化结构中才能实现。对他们来说，除了主观的心灵，只剩下客观的心灵，客观心灵在交流、工作和互动中，在器具和人工制品中，在个人生活故事的展开中，在生活的社会文化形式网络中实现自己。但在这个过程中，理性并没有失去自发地投射世界以揭示视阈的先验力量。想象力的创造力量在每一个假设、每一个解释、每一个确立我们身份的故事中都得到了体现。每一个行动中都有创造的元素。"

在这种意义上，自由用原初的和内在的表述来表达其对主体的意义，从而参与到客体结构的构建中。这种自由的内容不能被预见或嵌入到一个理性的框架中。在这个意义上，当哈贝马斯贬低"客观主义者"的时候，我想引用他的话来提出反对。因此，哈贝马斯仍然陷入在对社会的二元论理解中［HAB 15］：

"我们所谓的'科学主义'的倡导者最终会认为物理陈述可以是真实的，也可以是错误的，并坚持这种只在对自然科学的描述中感知自己的自相矛盾的要求。

……科学主义通过放弃自我理解的任务来换取所谓的哲学的科学化，而这种任务是哲学从各种伟大的世界宗教中继承下来的，尽管其中带有启蒙的意图。相反，想要仅仅从我们所学到的关于客观世界的东西中理解自己，将导致对事物的具体化描述，这虽然是为了提高我们的自我理解力，却拒绝使用自我参照。"

主观性贡献以及自我理解，不需要反对科学，而是可以从科学知识中获得有关"他是谁"的一些基本方面。

伦理观点将科学与社会的关系理解为一种根据不同的互补逻辑来提高普遍自由水平的共同努力。虽然我们在"社会"中确实发现了不同的语言，但我们没有发现不同的理性，至少就理性具有先验参照作用的本体论价值这点而言。要么我们选择将理性理解为一种先验的参照，那就没有必要提及它的两个冲突版本，要么我们从一个较弱的意义上理解理性，那么这些差异只是在表达层面上的，它们实际上指向了某种其他类型的先验参照。此二者必居其一。

我认为第二个假设是正确的，根据我们已经考察过的内容，我相信共同的参照点可以假定为自由。自由是科学和社会的共同参照，虽然他们一直以来倾向于互相不理解。目标以及促进这些目标的动力总是自由，就像其他的所有社会领域一样，尽管每个领域都讲不同的语言，但都在以不同的方式促进自由。

　　作为一个崭新的原初框架，RRI 的目的正是对以科学作为关键组成部分的不同社会领域之间的关系提出不同的看法。

　　RRI 是一种模式和一种积极的过程，我们可以通过它来实现欧盟委员会制定的社会目标，即发展研究和创新，以提高民主社会的总体福祉水平。

　　通过黑格尔的概念化，我们已经了解了伦理学是什么，或者应该是什么。伦理学将主观冲动与客观现实辩证化为制度维度，从而促进其特殊性。我们分析了主体性的重要性，以及作为主体间认可工具的媒介的重要性。此外，我们还理解了制度是如何发挥两种作用的。

　　现在，我们必须明确 RRI 是否能以及如何完成这些任务，并且要弄清楚 RRI 是否发挥了伦理作用。

　　我们如何定义一个伦理问题，从伦理的角度看它代表了什么？ 这些问题往往找不到共同的解决方案。我们经常要在伦理与其他某种方面之间进行鉴别，如与道德或法律的混淆。在这些方法中不难发现，各方面的重叠可能是由于康德传统占主导地位，它从局部的视角检视伦理，即作为道德的一个子系统［KER 15］。诚然，康德也将法律描述为道德认同的制度化身。这样，通常被用作道德原则表达的法律文书就可以被用来评估与技术发展有关的问题 。在某些往往更为复杂的情况下，它通常被认为是基于道德原则的反思，目的是修正或发展新的司法规范或不同种类的规章制度。因此，伦理的观点应该被用来识别偶然情形和这些监管框架之间的匹配程度。伦理问题可以是潜在的或真实的，它在某种程度上使人们对现有的秩序产生怀疑，因为在问题出现的时候，这种秩序似乎没有回应。

从这个意义上说，伦理问题不仅对司法结构或对普遍原则的反思进行质疑，而且还必须强调制度无法根据现有原则来面对新的问题。这就需要对如何解决这一问题进行评估和审议。它要求一个能够以合法和有效的解决办法对这些问题作出积极反应的过程。我们将致力于强调这样一个过程，这在很大程度上让人想起黑格尔的建议，并由莫亚（Moyar）提炼为术语"规则结果主义"（rule consequentialism）。制度的目的是促进讨论和促进公共参与过程，否则这些过程只能起到无效的作用［FUN 06］。

本研究提供的伦理解释试图超越当前的观点，提供一种基于实现自由（actualization of freedoms）的规范性的、元包容性（meta-inclusive）和互补性的视角。根据这一立场，我们就可以提出一个评估 RRI 的假说来作为伦理框架。

我认为，为了回应 RRI 作为伦理保护伞的功能，必须根据三个不同但互补的正当性方面来设想一定的条件。它处在一个历史的新阶段上，在这个阶段，以往那些范式的问题不能使我们认为 RRI 只是在某些方面重复做功。毕竟，RRI 提出的标准提供了其他范式所没有的实质性的、互补的和内在的参照。

但是，这一方面仍旧是可以批评的，直到它能找到一个概念性的和客观的参照为止。毕竟，它可能会被指责为意识形态化。

在下面的文章中，我将展示 RRI 是如何具有概念效力，从而使其成为伦理框架的。这种有效性在制度性参与和多元性过程的激活和实施中是可验证的。这一假设基于义务论层面，即 RRI 的伦理作用将从欧盟实际提出的一些关键性行动的具体证据中得到保护，而免受批评。这些关键行动以制度层面为前提，并与我们所阐明的自由和责任的概念框架相匹配。

RRI 的历史超越性

由于对以往旨在评估技术发展与社会关系的范式进行了分析，我们注意到，各个方面都指向一个根本问题，即无法提供一个多元和有效的视角。各种技术评估、企业社会责任（CSR）等，都试图以合理的方式发展其中一个方面，而不是设法保留另一个方面。我相信我们可以识别出其中三种。第一类试图使用认知视角来获得合法性。也就是说，如果在某些技术可能造成的潜在风险中明确了问题，就可以在对潜在后果进行科学评估时找到解决办法。人们认为能够根据技术判断来克服由无知引起的恐惧和疑虑。采用技术评估路径的这些方法，将信任赋予科学的权威性并将其作为客观无误的知识标准。他们还相信科学愿景和社会接受之间的必要匹配，将政治决策过程降低到基于算法的风险管理。除了在科学确定性中看到道德合法性的解释之外，我们没有找到一个明确的道德维度的参照点。这些方法被证明是无效的，因为它们不能建立因果过程和自由过程之间的联系，因此不能确定因果链的必然性。在这些术语中，谈论科学客观性更像是一种愿望而不是现实。正如最近发生的事件所表明的那样，基于现有知识的科学预见并不是统一的，而是有多种样式，它们常常处于

试的因素。因此，同样从政治角度来看，由于科学合法性标准与社会需求之间存在的距离，这种框架注定要失败。在科学权威丧失的时期，基于不同立场的冲突得以扩散，政治层面也遇到了同样的问题，这是由于其判断的不稳定性和由此产生的不足所导致的［VON 93, RIC 07, ARE 91］。如果客观区分的标准正在消失，而取而代之的是主观的有效性假设，如果我们没有预见到目标实现的替代形式，那么即使是政治层面也会倾向于在主观和局部标准的基础上作出决策。

这些范式赋予合法性标准以特权，前提是它必定会产生相关的效力。现实已经告诉我们，这不是一个必要条件，而且这个等式也被证明是错误的。

这些范式几乎没有主观贡献，结果是无法将所有个人需求转化为技术发展。因此，技术仍然对那种与社会语境脱节的程序性技术的部署视而不见。甚至连它的理由似乎也只是将该进程从外部干涉中解放出来所必需的附加条件。RRI 的范式必须摆脱这一假设，因为合法性代表了一个至关重要的方面，但不能再采用不考虑主观贡献的中立技术判断标准。

如第一章所述，另一种模式是试图激励技术发展及其企业管理的主观和实质性方面。例如，企业社会责任站在一个对立的立场上，根据这个立场，合法性不是来自使用客观标准，而是来自管理和内部发展中的"价值实体"。不需要再通过各种例证，这种观点通常只考虑具体的方面，通过进一步实施，往往能实现效力目标。①

---

① 关于 CSR 的高效率［PAV 14, BLO 14］。

正如帕维所认为的，这一框架的宗教起源很可能解释了主观方面的激励［PAV 14］。在这里，我们实际上发现了一个主观方面的贡献，在一个结构中，虽然以集体的方式行事，但仍然是主观的，因为利益和动机的表达是个人的，不是集体的。虽然这些假设，就像环境方面的措施一样，可以在社会领域中找到很多共识，但通常与之相关的其他方面，如惩罚和劳动条件，并没有以同样的方式被加以考虑。这使得这些方法成为技术发展的一种局部的、主观的表达，虽然在功效方面获得了很多，但因为没有客观的理由，在合法性的层面上可能会失败。因此，它们不能代表道德发展的实际情况。

另一个曾经更接近于体现伦理范式理想的尝试，是意识到理性主义方法在评估创新价值方面的局限性。正如前面所介绍的，如果政治上的要求在客观性中没有找到接受的必要标准，它就会被归入主观领域。然而，对于那些试图在客观实践中发展主观包容形式的人，如参与式技术评估（PTA）［FIS 13，GRU 09］来说，这种对决策的冲突相对性的明显限制已然成为一种机会。包容性结构与旨在评估技术发展的价值和后果的进程相结合，并产生了其他结果。这里的问题来自于缺少一个可以对不同视角进行排序的总体方面。换言之，多元主体性所作的贡献没有根据制度机制得到充分的规范。我认为这里缺少的是一个明确的规范性参照，它不仅包含审议过程，而且还需要作出有效的决定，其根据在于能否将主观价值转化为客观标准。因此，它缺少对先验价值的参照，通过这些价值我们可以阐明与技术有关的各种内在方面。客观主义方法的基本错误尽管可以通过参与者的努力得到缓解，但仍然存在。一个正式的程序，深入到它的合法性方面，必然会导致对一些价值问题的接受，对这一事实的信任最终会因为陷入同以前各种尝试一样无效的境地而瓦解。这三种观点都停留在科学与社会、规范的实质性方面与形式程序、主观贡献与稳定的客观结构之间的二分上。这些范式缺乏对连接两个方面的具体价值或参照点的参照，并且在想要从理性或程序中找到这个价值时也犯了错误。这里，他们最终忽略了将自由作为准先验参照标准的提法，并在对实现这种主体和客体之间关系的制度作用的描述中出现了问题。即使是一种复杂的尝试，像价值敏感性设计提出的能准确地描述主观贡献的重要性和解决道德冲突的程序，也并没有明确提出第三种立场可以依据哪个标准作为参照。

RRI 必须吸取教训并牢记所有这些方面。正如我们所强调的那样，在这一历史阶段，RRI 是为了克服这些限制而产生的。欧盟委员会通过 RRI 倡议发起的这一机制是要通过责任概念超越这些单方面立场。在我看来，一个新的缩略语（RRI）的产生是为了表达科学与社会的关系在发展过程中的连续性和原创性。责任标准的采用是为了将相互关联的多种权利要求汇集起来。责任的前提是存在一种伦理自由，这种自由是通过对具体制度机制的主观贡献而确定的。这就必须发展客观的一面，但不是通过简单的程序形式，而是通过构建主体间性实践，而主体间性实践仍然必须假定一个客观的方面才能被理解。

从概念的角度来看，RRI 必须以过去的问题为基础，开发新的过程，但它如何在具体方面制定负责任的方法？通过哪些程序，这些制度能够实现负责任的创新形式，并设法保持合法性和有效性的双重方面？我认为，我们需要思考这样一个过程，它可以通过三个相辅相成的要素来展开，并可以对上述问题的两个部分加以概括。这三个要素是参与、反思和根据社会和伦理意义上的自由标准作出决定。

根据我的理解，我们现在需要更详细地解释这如何才能真正发挥作用，因为它已经被我们在欧洲拥有的主要机构——欧盟委员会所推荐。

在我们看重的方法论工具中，我们需要选择那些赞成对研究和创新（R&I）采取互补路径的方法，代理人可以利用这些方法来开发他们的个人能力以期提高普遍自由的水平和质量。我们不需要在选择规范性参照方面走得更远，因为我们现在已经确定它就是自由。

很明显，我们的建议不会穷尽所有可能的选择，因为必须把这些工具看作是有内在基础的，并因此会受到事态发展、改进或变化的影响。在未来或在某些区域背景下，有些选项也可能因为没有表达特定社会的需求和利益而被排除。我们在这里所要做的只是提供一些例子来具体说明责任这个概念的基本框架，而责任概念与当前对自由的理解是紧密相连的。正如我们所说，责任不仅是一种状态，而且首先是一种实践，一种必须在具体的和内在的情境下实现的态度。因此，定义它们意味着将责任的行使以及概念的还原都限制在保守的一面。这与 RRI 促进创新的理念相去甚远。

因此，我们在这里需要遵循的是一条实际的道路，也可以说是一条政治道路，以便明确那些应该体现 RRI 特征的可能工具。

在基于责任的框架中，最具挑战性的问题之一恰恰是找到一个共享平台，用于承载相悖的观点和规范性背景，这不能仅仅从个人主义的角度来看，也不能从一般的集体角度来看，而需要从一个社会性的和高度差异化的视角来加以解决。正如我们已经说过的，制度关系需要处于一个持续的平衡状态。同时，制度应始终代表个人立场的客观转换。当涉及 R&I 时，嵌入在这些技术中的新颖性往往会产生伦理问题，因为这意味着对某人自由的潜在减少。为了克服这些伦理失衡，为了对不同的代理人和社会领域进行统观，需要建立一个进程，以汇集这些观点。

这种参与式进程（engaging process）应以公共参与（partic: ipation）为基础。公共参与被视为加强政治决策的合法性和有效性的一个关键工具。在有关 R&I 开发中采用参与式过程的几种理由中，安迪·斯特灵（Andy Stirling）提出以下建议："规范性（例如，出于民主、公平、平等和正义的原因的对话是正确的做法），工具性〔例如，这种对话提供了社会智能（social intelligence），以实现预先承诺的政策目标，如建立信任或避免公众作出不利反应〕和实质性的（例如，这种政策选择可以与公众共同作出，也就是采用实质性的方式真实地体现不同的社会知识、价值观和意义）"①［CWE 13，p.95］。

然而，公共参与本身并不能确保进程自动取得积极成果。这一想法的真诚性和有效性基本上取决于谁参与（以及如何参与）以及参与与决策过程之间的联系。而且，这三层是紧密相关和相互依赖的。

阿恩斯坦（Arnstein）和冯（Fung）［ARN 69，FUN 06］提出了这个实质性规范的重要性，因为公共参与可以有不同的深度，其根据在于决策过程受参与者意见的影响程度不同。例如，

---

① 见［STI 05，FUN 06］。

冯列出了公共参与情境中的六种沟通模式，这些模式可以根据它们在决策过程中的影响程度来划分。冯认为，很不幸的是，在这些尝试性的方法中，决策和自下而上的贡献之间往往保持着相当大的距离。"参加公共听证会和社区会议等活动的绝大多数人根本没有提出自己的意见。相反，他们作为观众参与进来，收到了一些政策或项目的信息，见证了政治家、活动家和利益集团之间的斗争"〔FUN 06，p.68〕。在这个意义上的参与被简化为沟通、咨询、宣传〔LAZ 97〕。

冯强调的是，虽然公共参与经常被提倡，但它也经常被利用为一种合法的框架，在指导决策过程中没有发挥它的具体影响。如果公共参与过程得到解决，但不导致制度一级的变化或适应，公共参与就失去了基本价值范围。以这种方式发挥主观性的作用，只应被视为实现外部合法化的工具，而不能实际修改其他地方预先确定的特征。

作为真正自由的表达的公共参与和作为"诱饵"的公共参与之间的模糊性让人想起了另一个方面，接近于第一种路径，但略有不同。公共参与过程中的情况也是这样，即预先确定下来的公共参与框架造成了对自由的限制。如此一来，讨论和随后的偏好或意见就已经朝着一个特定的方向发展了。事实上，通常会有人召集和敦促代理人参与，但代理人并不被要求质疑特定框架所规定的界限。而且，对框架的任何质疑都被认为是对这一进程的障碍或破坏。迈克尔·沃尔泽（Michael Walzer）①清楚地指出，通常被认定为参与者的协会或人物，必须接受这样的先决条件，即

---

① 对于类似的批评，与哈贝马斯提出的话语理性的僵化有关，见〔HON 91〕。

限制绝大多数人，甚至更糟的是限制"意图不佳"的代理人加入
［WAL 06］。

如果我们还记得公共参与的目的是为代理人提供一个表达他
们对社会问题自由看法的空间，我们就会看到这种意图是如何与
那些并不能促进自主偏好的参与形式相冲突的。在一个旨在将所
有个人观点纳入客观结构的参与性进程中，需要解决的是实际情
况和自由偏好的冲突问题。"一种偏好之所以具有自主性，是因
为它经历了一个特定的过程。这个过程不仅仅是一个内在的和主
观的过程；在这个过程中，一个人可以将自己的偏好与他人的观
点进行对比。我的偏好是自主的，如果我在听了相关的论点和考
虑了相关的信息后乃然找到理由持有它的话"［ROS 08，p.86］。

这也意味着，虽然可以保证社会争议能被明显地接触到，但
代理人仍然可以感到他们的观点在现实中不会得到承认。当代理
人对主体间的关系感到不安，但又不能明确地确定其中的原因
时，就会产生一种不确定感，这种不确定感会导致病态心理，进
而导致冷漠［HON 09，HON 14a，DEW 69］。如果代理人不能独
立地定义他在决定社会问题上的实际角色，他很可能会发展（或
保持）一种稳定的感知，即在他和代表他的主观性的制度之间存
在一定距离。

深度的公共参与还需要具有一定的反思水平来对框架进行必
要的质疑。反思性公共参与是与个人反思性有所不同的，因为它
需要一种形成偏好的主体间性方式，这种方式使我们的反思更加
强烈，因为它在客观维度中是真实的。正如罗斯特博尔所说："通
过公共参与……我们的反思性判断成为主观间性学习的产物。共
同的思考因此实现了在一阶欲望行为和反思性判断行为之间所

追求的质的区别，因为后者仅以主观间获得的理和知识为基础"〔ROS 08，p.86〕。

然而，不仅远远不能穷尽那些能够促进 R&I 伦理方法的条件，还需要进一步界定主体间反思。事实上，我们需要设定的反思类型不能简化为"一阶"的，而应该设想为一种二阶反思性，它可以用来判断特定制度对其自身适用范围的响应程度，从而判断其与其他制度的关系〔LEN 03〕。

如果一方面，我们有一个所谓的一阶反思，它代表了对研究和创新中出现的具体问题进行反思的可能性，那么从另一方面来说，这种反思性的基本形式就不能被认为是充分的。因此，我们需要一种类似于二阶反思性的东西，以反映允许反思性本身的制度条件（资金、期望、政策框架等）。事实上，对具体外部问题的反思常常是完成了的，而且一般只会导致道德过载，而不会为制定合法和有效的解决办法创造条件〔VAN 13〕。换句话说，一阶反思应该依赖于这样一个事实，即为达成一个以平衡的方式考虑所有方面的决定，某些条件是已经被设定好了的。自由本身，正如黑格尔和霍耐特所言，只有当实现自由的制度条件存在时，它才能成为可能。因此，在一个公共参与的过程中进行反思，以定义新事物的影响和公正性，是一种发展我们个人自由的协同方式。然而，为了使这一进程能够发展出确保自由得以行使的形式，它必须体现出道德精神。换句话说，一种反思性的公共参与必须根据一种深思熟虑过的均衡，朝着实现自由的方向行动。在这个意义上，继迪尔凯姆和霍耐特之后，我们需要的是这样一种关系，"在制度上设置一种话语机制，使参与者能够对其他人的利益产生影响，从而逐渐形成团体的整体合作目标"〔HON 14a， p.219]。制度在这些进程中的作用正是教育者和促进者的作用〔HON 14a，ROS 08]。首先，因为他们需要为代理人提供工具和途径来客观地发展他们的个人喜好。此外，他们的教育是关于实现自由的方式，是主体间性的，而不是唯我性的。在这方面，可以达到双重目标。一方面，从功能方面来看，代理人明白他的自由是随着他人的贡献而增加的。另一方面，道德上的事实是，我的自由不仅会影响到我自己，也会影响到其他人。同时，这些制度也发挥了促进作用，建立了程序，引导不可避免的冲突走向融合。从这个意义上说，政策决议成为汇集了教育和过程这两个职能的关键方面，因为它教授解决冲突的抽象以及具体方法。有关这一观点的丰富而具体的例子可以在那些旨在通过产生第三种选择来解决道德过载的理论中发现，第三种选择可以包含两种对立的观点但会加以转变。为比，我们只需要增加前面所说的自由的参照价值〔VAN 13，MOY 12，ROS 08，HON 14a]。

关于实质性方面，我们以前强调过的一个问题是，即为了给研究和创新制订负责任的办法，我们在进行协商时可以采取何种标准的问题。也就是说，在一个伦理问题产生了某种道德或认知冲突，要求反思性公共参与的情况下，我们如何决定哪些规范、价值或规则可以指导我们？

需要强调的主要问题是，有可能强加某种基于价值的观点，或通过一种理性主义的程序进行推进，但这种程序不能保证道德上的合法性，相应地，也不能保证有效性[1]。

在欧洲层面提出的解决方案中，勒内·冯·尚伯格提出的

---

① 作为关于这个主题的经典参考，见〔WIL 84]。

方案最为突出，他强烈推荐"欧洲的价值、需求和期望"[VON 13]。对于尚伯格来说，我们可以借鉴的规范参照嵌入在那些欧洲层面发展起来和广为接受的论述以及条约中，例如《欧盟基本权利图表》①，《隆德宣言》和《里斯本条约》②。

尚伯格特别参照了他认为具有 RRI 所需的准先验功能的"社会视角（societal perspective）"。"经济繁荣和对创新产生积极预期影响（如创造就业和增长）的预期，在很大程度上取决于社会语境。这一点显而易见，即引导创新进程朝着有利于社会的目标前进。[……]《隆德宣言》定义了投资研究和创新的理由应该是朝向特定的积极结果，并强调了研究和创新应该超越纯粹的经济目标"[OWE 13，p.59]。

对尚伯格来说，重要的是要包含可以超越单纯经济计算的方面，以实现有益于社会的目标。因此，这一参照将作为评估创新过程的善的和正确性的一种方式。或许，这一指向背后的哈贝马斯式参照走向了以实质性方式理解 RRI 轮廓的可能性。这一明确提及的事实表明，除了经济方面之外，还必须考虑其他方面，应该从更广泛、更具有包容性的角度来看问题。这一建议在"社会"一词中得到了证实，我们已将"社会"一词确定为实现责任的关键维度。责任不能只停留在个人层面，而是必须要超越到社会层面。

然而，我仍然有一种印象，即这种对创新与社会之间关系的明确仍然存在于一个二分体矩阵中，这并不能使我们上升到一个

---

① http://www.europarl.europa.eu/charter/pdf/text_en.pdf.

② http://www.vinnova.se/upload/dokument/Verksamhet/UDI/Lund_Declaration.pdf.

伦理层面，在这个层面上，经济和物质需求仍旧发挥着至关重要的作用。而且，如何更准确地解读这些社会欲望和需求的一致性也不清楚。正如广泛表明的那样，它们是相互冲突的、被强加的、被操纵的，甚至在某些情况下达到了很强的程度。

这里可能你需要再次强调破坏这一参照点的另一个因素。例如，尚伯格提到的《里斯本条约》就是一个没有通过大规模民主筛选的规范和价值图表，因为这些规范和价值是由少数政策制定者编撰的，而且从来没有像一项公投那样经过普遍同意。因此，利用作为少数的政治精英确立的这些价值来解决涉及整个社会的问题，似乎其本身就是获得合法性的一种工具和相当幼稚的方式，更不用说有效性了。

在各种为了找出能够识别负责任的 R&I 的评估标准的尝试中，我们需要简要分析一组专家所做的调查，他们已经完成并为 RRI 提出了一系列指标［SPA 15］①。这些指标旨在以一种客观的方式评估 R&I 的发展过程及其结果，还包括它们所引发的相关感知。换句话说，为了解某些过程或产品是否可以被定义为负责任的，这些指标应该是一个参照点，或许甚至可以成为一个规范性的参照点。

在准确理解我们需要测量的东西是什么这一点上，已经存在一定的复杂性了。"为了得到具体的、可实现的指标，有必要对指标应该表示的结果变量（影响）有一个精确的理解"［SPA 15，p.9］。然而，如果这对于几个字段来说是容易的（据说是），特别是对于可量化的数据，那么对于 RRI 来说就困难了。"RRI

---

① 这个项目不仅是处理这些问题的唯一项目，而且据我所知，它是唯一已经完成的项目。

是年轻的，松散的，因为它没有权威的定义，也没有关于如何理解它的共识"〔SPA 15，p.9〕。

考虑到 RRI 的创新性，专家们试图依靠欧盟委员会提供的指示，RRI 的目标是确保："在整个研究和创新过程中，社会行动者共同努力，以便更好地使过程和结果与欧洲社会的价值观、需求和期望相一致。RRI 是一个雄心勃勃的挑战，旨在建立一个由社会需求驱动的研究和创新政策，并通过包容性的公共参与方式让所有社会行动者参与进来（重点补充）。"〔EUR 12〕他们是以欧洲最出色的专家小组在负责任研究和创新方面的工作为基础的〔EUR 13〕。此外，他们采纳了尚伯格提供的定义，并将其融入有关社会正义和可持续性的研究中。

他们试图评估在欧盟委员会提出的用以框定 RRI 的六个关键点中是否存在这些标准。有趣的是，专家们认为这六个关键点只是 RRI 的针对性领域，而不是实现负责任做法的具体指标。我认为，这种解释的复杂性在于，要通过与一系列具体行动的对应关系来确定 RRI 的横切维度，而这种复杂性在报告文本中明确地说明了。

事实上，这个报告所依赖的基础证明了横切框架仅与这六个关键点相连接将导致不确定性这一点。专家们准确地理解了 RRI 作为一个总括性术语的潜力，它能够嵌入内在的价值和利益。报告中有几次提到 RRI 是一个"横切问题"，而且具体的指标无法检测到这一总体性功能的所有动态。这是因为"由于 RRI 是一个动态的概念，可能会出现其他方法同样将 RRI 作为一个横切问题来实施，并支持 RRI 政策和实践的动态发展"〔SPA 15〕。

与此同时，这也给他们带来了一些困难。一方面，将 RRI

确定为六个关键点被认为会降低发现外部责任情况的可能性。然后，他们强调了用以框定 RRI 的六个关键点与 RRI 概念之间的差异，对于 RRI 概念来讲，更灵活的指标才有助于理解各种尝试举措［SPA 15，p.10］。另一方面，他们提出的证据表明，试图为这样一个总体框架确定一份详尽而同时又有效的指标清单是非常难的。其中主要的困难可能来自于把定性的方面翻译成定量数据的复杂操作。我们不想对定性方面作出评判，因为这方面的成就至少是显著的，但我们肯定可以强调它们必须面对的量化困难。为了实用以及便于报道，有些举措或有影响，其扩散也是分散性的（"整套 100 个指标不太可能是切实可行的，更别提有趣了"［SPA 15，p.42］）。类似这样的紧张关系贯穿全文。

那些对这些指标进行分类的范畴向我们展示了在解释这六个关键点的应用领域之间的关系时经常出现的危险。事实上，我们发现指标的重新划分在结果、过程和感知层面造成了差异。尽管文件中经常建议在这三个方面取得平衡，"公众感知指标对于合法性和正当性的考虑尤为重要，在 RRI 领域也是如此"［SPA 15］。尽管报告者的意图是真实的，但这样的建议显然会产生风险。这个观点促使我们继续探索，并采取一些我们之前提及的政治性质的考虑。在我们的考察中，弗朗索瓦·埃瓦尔德的分析表明，责任概念所承担的政治功能发挥了至关重要的作用。他向我们展示了嵌入制度框架的责任概念的使用是如何不局限于解决与劳工世界有关的问题，而是代表了一种特定政治范式的实现。对埃瓦尔德来说，责任意味着一种基于经济自由得以增加的话语寄存器（a discourse register）。在正确解读责任的各种不同理解和责任概念方面，埃瓦尔德并没有考虑具体的问题，但他极其正确地强调了政治、道德和制度机制三者之间的关系。他准确地向我们展示了每一项制度措施是如何实现世界愿景的，以及使用某些条例如何决定进步的路径。同时，他明确指出，为了实现一种特定的理性，我们总是需要制度的支持。此外，从他的分析中我们可以推断出价值、规范与功能维度的发展之间有着密切的联系。换句话说，埃瓦尔德揭示了不同社会领域之间的关系以及只有制度层面才能产生的强大影响。

埃瓦尔德批评的是与这一范式相联系的不公正性，这是由于它缺乏包容性，并且只增加社会特定部门的利益。对他来说，责任标准的采用具有象征意义，因为它与特定的政治话语有关。事实是，对社会某一方面的肯定不仅无法达到可接受的程度，甚至也无法获得接受。尽管我可以同意他的大部分论点，但我相信他对责任标准的认定是不正确的，例如，不符合欧盟所设定的目标。

基于这个原因，我认为使用说服策略对欧盟没有任何帮助。欧盟此时的目标正是要消除科学与社会之间的距离，这一距离是由技术方面质的增长和长期排斥社会及其对自由的要求所造成的。从几个评估框架（TA、PTA 和 CSR）所做的努力和所走的道路可以明显看出，我们需要从一种基于隐性或显性技术强制的治理模式过渡到一种共同决定规范视阈的模式[1]。在所采用的各种技术中，风险感知的管理无疑是最常见的技术之一。在 R&I 领域，那些不认为社会是一个有效率的或有效的合作伙伴的制度代表们试图通过沟通策略绕过这一障碍。从功能性视角来看，这种方法的结果是不成功的，并且将是既没有效率也没有效果的，

---

[1] 一个有趣的治理方法分类，见［LEN 03，LEN 10］。在 GREAT 项目中对这一模式作了"实质性"提及，Del. 2.3。

因为在这个时代，信息具有极大可及性，认知冲突甚至比过去更多。从道德和伦理的角度来看，这种观点不仅偏离了必要的正当性，而且也偏离了一个公正社会的可能性。如果正当和合法化的标准与公众认知相一致，整个社会成长和发展过程的风险将被化解为一种巨大的和永久的市场性策略。

我认为，虽然不是完全明确，但可以说欧盟委员会所提供的各种指标的总体目标是为了正义或一个公正的社会。能够实现这一目标的方式取决于众所周知的一些条件：包容性、可持续性以及最近提出的公平性，它们都要求对科学不能仅仅采取技治主义路径[1]。RRI 所面临的问题是要构想出一个最终与科学和解的社会，一个与社会一起并为社会创造进步的科学。因此，这两个方面自动地产生了对正义的理解，而不仅仅是对纯粹抽象原则或模糊的交流过程的参照，而是一种努力，以建立一个具有其应用领域（即社会现实）的共同框架。

这份报告帮助我们在理论层面上理解 RRI 的一些困难。我们需要搭建一个平台，使我们能够将欧盟委员会提出的指导方针的解释与伦理和责任的概念相匹配。

事实上，在我们对 RRI 的参照点有了更深的理解之后，感知的参照点（我们已经简要地列出了它的风险）可能会有完全不同的意义。通过这个参照点，我们希望能根据对 RRI 的全面理解来界定感知，而不是将感知定义为一种前理性条件（a prerational condition）。这将意味着把对 RRI 的感知建立在理性和所有超越理性的因素之上，从而形成一种解释学方法[2]。

---

[1] http://ec.europa.eu/priorities/index_en.htm.
[2] 在此意义上的发展［FER 02，FIC 00，GRU 13］。

如果我们想要衡量 RRI 的规范性影响，我们需要了解 RRI 的预设功能是什么，并理解其含义。从这个意义上，我们可以说，如果我们要促进的是一种负责任的创新方式，那么其参照点必须是自由的实现（履行）。

我认为，为了理解欧盟委员会所提出的指导方针中也表明了这一点，我们需要简要分析前面提到的六个关键点，对其提出另一种解释也许是有益的。这是一个有趣的方面，因为根据欧盟委员会的说法，它们代表了我们可以获得 R&I 负责任方法的模式。首先，我们需要明确的是，这些关键点应该理解为工具形式，而不是结构形式，这意味着它们不属于维度层面，而是嵌入在 R&I 中的关键行动步骤和方法。换句话说，就是在这些范畴中是无法找到 R&I 的负责任方法的，但是可以通过仔细考虑这些关键行动而达成。这样，概念和关键点之间的距离将被弥合，后者将代表实现前者的操作性工具。

更确切地说，欧盟委员会提出的六个关键点不应是静态的，而应是具有行动力和动态性的。此外，阅读它们的关系的更有用的方法是词典式方法（lexical one），这也是同一报告所建议的。这意味着不同的方面必须按照一个精确的顺序加以考虑，从第一个到最后一个，其中每一个都是前一个的结果。我们将看到，这条道路也可以以一种互补的方式，向相反的方向发展，证明我们所明确的伦理观点是正确的。

我相信，事实上，我们可以在 RRI 的基础上发现一种伦理关系，这可以从这六个关键点的选取中得到证明。我的解释仍然是其他解释之一，因为欧盟委员会没有详细解释这些关键点的概念扩展。然而，我的这种解释与欧盟委员会文本没有分歧，因为二者都是把责任和自由理解为伦理范畴。

欧盟委员会在 2012 年确定的六个关键点分别是参与、性别、科学教育、开放获取、伦理与治理［GEO 12］[①]。

第一个关键点，即参与（engagement），是一个强预设，旨在建立一种动态程序，可以使代理人积极参与到 R&I 形塑过程中。RRI 的每一次尝试都要"确保社会质询建立在具有广泛代表性的社会、经济、伦理关切以及共同原则基础上"。欧盟委员会还建议从"旨在针对社会问题与机会提供联合解决方案"这个方面对实践进行思考。今天，把人们吸引到参与研究与创新的发展中来似乎成了一个基本标准。政策结构和进程被迫改变其性质与决策倾向，以便重新获得它们业已失去的合法性和效力。科技的发展，特别是通信技术的发展，已经从根本上改变了决策者和那些受决策影响的人之间的关系［HON 14a, FUN 06］。通过制度变革使社会既可以致力于创新同时又可以面对伦理问题，因此，制度变革必须是一种基于参与的可行动的决定。

参与必须普遍抱持这样一种态度：鼓励个人偏好与社会现实之间达成直接联系，这样才能令前者决定后者。因此，它不能被简化为参加（participation），而是需要通过积极决定社会事件的进程来超越参加。通过使利益相关者积极参与到 R&I 的决策中，我们会在提高合法性和有效性水平等方面获益。从这个意义上讲，参与意味着动态地在主体之间建立联系并将这种联系安插到主体间交换的网络当中。最近的理论和实证调查表明，不负责任，或者说是不道德的行为，往往起始于很少参与或根本不关

---

① 这六个关键因素的分析依赖于我在 GREAT 项目的可交付成果中已经完成的工作（D.5.1）。任何明确的参考都应被视为该工作的发展。

注。① 造成这种情况的原因，要么是这种参与受到了显性或隐性的阻碍，要么是代理人没有感觉到参与确定社会问题的迫切需要。

后一种情况通常是由于制度安排不能发挥其教育和在代理之间发挥连接作用引起的。然而，这种"冷漠"导致了各种形式的孤立，这不仅给单个的代理人造成痛苦，而且还可能产生表达自由的替代形式，从而破坏社会稳定。然后，我们可以肯定，参与本身并不意味着一种负责任的行为，而是一种复杂的工具，考虑到它将在决策过程中发挥的有效作用，因此需要加以推广。它是负责任行为的起点，而不是终点。

从这个意义上说，我们认为，正如欧盟委员会所强调的，参与意味着每一个治理过程的起点。不仅需要将其作为先决条件，而且要尽可能地予以加强，同时必须将其也视为一种伦理价值和重要的政治观点。

我们需要证明的是六个关键点中已经隐含的一点。为了使参与达到令人满意的水平和质量，重要的是强调进一步的措施和机制，以此来确定参与的条件和范围。正是基于这一意图，我们才应该理解欧盟委员会提供的其他关键点。需要被推动的是，我们要给出更精确的参与的内容与方法。但首先，需要确保所有实质性参与的手段都得到保障。其中一种方法就在第二个要点强调的性别均衡的重要性中获得了很好的说明。

第二个关键点，性别。尤其针对男性女性之间的平衡，以及研究机构在"论述"方面实现现代化的总体需要。相应地，需要提出如下建议，即不仅要考虑实验室里的男女平衡，而且在研究

---

① GREAT 项目；Res–Agora 项目。

和创新的内容制定上也要考虑性别平衡。令人遗憾的是，参与研究的女性和男性的数量根本不平衡。这表明该问题，特别是在那些没有直接受到公众影响的部门，是缺乏关注的。同样，研究成果本身也往往没有根据性别观点进行塑造，从而维持了目前日常实践中的偏见，这也是事实。

这可能而且经常导致一种可能看不到但能感知到的差异。因此，委员会不仅想促进女性在研究中的数量，而且还想促进其质量，这意味着她们可以在形成 R&I 方面产生具体的影响。性别问题横切不同的维度，从而生成了一个复杂的场景。

我认为这一要点有双重作用。一方面，它通过为自由创造条件来解决自由的必要性。获得进步的平等机会应该是任何自由发展的出发点。从这个意义上说，我看到了这里所嵌入的对自由的普遍接受的联系，特别是如果我们考虑为了获得这样的结果而采取的一般法律行动。另一方面，我不会将性别问题局限于通过法律或道德途径来实现匿名的平等。相反，我把这一要点解读为，尤其是在最后一个（整合在综合研究和创新内容中的）关键点中，促进自决的关键。作为性别驱动的创新内容的参考可以用研究者所能想到的各种方式来解释。因此，内容的确定将需要根据嵌入在客观形式中的主观观点来进行。抽象的权利与具体的决定之间、平等与自由之间的联系，构成并塑造了该关键点的深度。此外，我认为，我们不能把性别问题仅仅限于男女之间的区别或平等，相反，我们需要把这个要点看作是一个先验范畴，它能够承载对性别及其内容的所有不同解释。[1]

---

[1] 要理其中的复杂性，尤其是政治理性以及性别背后的无形障碍，见［BUT 06，KRI 82，BEA 11，LAC 39，HAR 88］。

不幸的是，关于性别的情况仍然是不能接受的，数据本身也显示了这方面的重大欠缺。我们不能把注意力放在可能显示更多隐藏障碍的进一步分析上，但我们可以强调"SHE 数字报告"描绘了一幅真实的图景[①]。

另一个与参与性有关的因素是为参与者提供正确的工具来参与。清除物理上的障碍，设立公共审计或咨询等，当然是重要的步骤，但需要与更微妙但至关重要的步骤结合起来。通常情况下，人们并没有受过良好的训练，也没有足够的技能去完全理解技术的发展潜力。知识和意识是在平等的前提下解决争论的基本因素。意识作为一种政治工具有着悠久的传统，它能够支持解放，委员会也显示了其目标的深度，并没有忽视它。

事实上，第三和第四个关键点，科学教育和开放获取，涉及了破坏科学与社会关系的一个主要方面。科学家和社会之间的实际认识差距常常表现在，对科学家的良好意图持怀疑态度，或对产品的未来结果持不同意见。此外，科学家之间的分歧让民众更加困惑。因此，欧盟委员会认为，对后代的教育是填补这一空白、改善科学与社会关系的关键答案之一。这一关键还在于培养后代科学家，使他们能够为研发结构提供支持。如果欧洲想要跟上全球经济挑战的步伐，这是一个至关重要的步骤。

科学教育需要有专门针对硬科学的教育，而开放获取则需要关注科学结果的横切透明度。在对"科学参与"持有相同理解的情况下，公共资助应用于公共利益，因为知识共享被认为是获得合法性和产生新知识的重要途径。

[①] http://ec.europa.eu/reseach/science-society/document-library/pdf_06/she-figures-2012-en.pdf.

因此，科学教育和开放获取应被理解为代理人能够参与讨论、理解技术争议并形成新的解决方案偏好的必要知识。这两个要点的基础目标是为行为人提供工具和一般知识，使他们能够进入道德主体间性维度。

只有提高科学问题知识的总体水平，才能在研究和创新方面实现反思性自由。此外，为了在社会中促进科学，培养新的科学家，增加整个欧洲的知识生产，最重要的是促进民主，解决教育问题就至关重要［DEW 16］。正如我们所见，教育功能是制度的两个主要目标之一。代理人只有通过知识才能以一种客观的、新的方式去追求自决。依据这两个要点，我认为进入客观领域的原因有二：第一，"科学教育"与"开放获取"包含一个主体间性维度。教育和资源是由几个不同的代理开发的，它们通过客观的手段相互作用。这正是第二个原因。这两个维度所隐含的方法是客观的，因为它们需要对所有人（至少潜在地）都是"可解读的"和"可使用的"。

然后，这三个要点结合起来一起定义了参与的形式。我们不应该把参与理解为一个唯我论的过程，而应是一个主体间性的过程。参与也意味着根据通过主体间维度的客观知识而获得的自我决定采取行动。

然而，我们仍然处于这样一种境地：我们不知道如何以具体的方式将客观的和普遍的形式与主观的决定结合起来。换句话说，我们仍然没有理解如何将所有不同的社会维度联系起来的关键点。

只有当我们从大多数不确定性所基于的道德和认知领域转向能够提出解决方案的伦理和政治层面时，这种停滞状态才能被克服。

伦理是欧盟委员会推动的第五个关键点。这个关键点是有趣和广泛的，它将方法措施与有关欧洲共同体的规范和价值结合起来。其目的不仅在于尊重基本权利，还在于超越法律层面，以"确保提高研究和创新成果的社会相关性和可接受性"［GEO 12］。

这并不是偶然的，六个关键点（也许是最重要的关键点）中的最后两个标准试图成为一个已知问题的答案。根据我们的观点，最后两个关键点，伦理和治理，旨在推动嵌入负责任的研究和创新中的社会多元主义，以便在不丧失效力（efficacy）的情况下获得合法性。

正如我们在前几章中所指出的，RRI 发展的主要问题是如何在合理的时间内使所有不同的规范设置能够不失偏颇地达成一致。正如我们所看到的，建立在责任之上是一个涉及不同层面的概念，从法律或经济层面到道德层面。因此，当我们想要定义一个负责任的行为或决定时，我们需要考虑所有这些不同的方面。所有这些维度，以及对责任的理解，都是研究和创新游戏中几个不同视角的表达。问题是：我们如何去评估它们并最终作出正确的选择？哪种方法可以帮助我们从责任的最佳角度来呈现正确的答案？根据我们的观点，责任作为一个伦理概念是一种概念框架，在这个框架中我们可以找到上述各种不同的含义。因此，我们不能只考虑其中一个或一些加以接受，而无视其他。我们应该做的是，把它们作为同一个广义概念的一部分。只有通过这种互补的结构，我们才能保持和发展对责任的道德理解。

正是在这种情况下，我们才理解伦理作为第五个关键点所处的位置。事实上，伦理是一套应该被推广的价值观和规范的结果。伦理除了经常被降到法律框架中，还应保证和促进多元主义，以一种平衡的方式将所有社会观点纳入考量。正如委员会所说："除了强制性的法律方面，伦理的目的是为了确保和增强研究和创新成果的社会关联性和可接受性"［GEO 12］。说到可接受性，并不是说要将伦理降低为可接受性，而是要根据共同的理性理解去发展它。此外，伦理不应被视为一种旨在阻碍经济发展的偶尔兴起的即兴讨论，正如委员会所建议的那样："伦理不应该被视为研究和创新的限制，而应该被视为确保高质量成果的一种方式"［GEO 12］。

如果委员会需要坚定地强调这些方面，那是因为我们经常助长对伦理的误解，关于它的本质和社会功能等方面。事实上，伦理既不是一套反对经济发展的边际规律，也不是社会外部的先验根源所提供的一个固有计划。相反，伦理是关于特定社会中所有成员具有同等程度的客观权利和反思自由的一种制度上的客观化。伦理代表着一种克服过于具体（主观）或过于形式化（客观）的立场，使之成为嵌入在制度中的可识别的价值和规范资产。伦理区别于道德和法律，道德和法律是它要维持的核心，它提供的是一个整体结构，以使它们成为现实。伦理立场的目的是通过自决和客观结构促进自我实现的水平。

换句话说，伦理是自由得以充分实现的领域，而这种自由不能被降格为对伦理的一种接受，而必须被理解为一个多层次的概念。因此，伦理同时是一种总和，一种对一个特定社群中能找到的各种自由的超越。因此，如前几章所示，对责任的理解范围将因这种自由的不同而不同。同时，责任和自由的各种理解之间的关系将大大有助于塑造我们对"负责任的"研究和创新的意义。

如果我们能如委员会正在做的那样，从伦理的方式来考虑这些问题，那么，所有对责任的不同理解都应该以一种综合和互补的方式来考虑。

正是这样一种对伦理的理解需要被再次提出，以应对今天RRI给我们带来的需求和挑战。只有将主观观点与社会制度联系起来，并为它们之间的关系注入润滑剂，才能希冀获得负责任的研究和创新的范例。促进朝向RRI的一种伦理态度应该是谁的任务呢？欧盟委员会提出的六个关键点方案中的最后一个回应了这个问题，并完成了评估负责任的研究和创新的框架。前面的关键点也意味着治理应该是"实现"这一尝试的方法，但是鉴于治理的主动性，我们还是需要澄清一下。

治理被认为是防止有害结果以及阻碍研究和创新中不道德发展的政策框架。治理作为一个总括术语被强调，它可以推动将所有其他五个关键点整合到一个负责的研究和创新框架中。

最后这一点在许多方面总结了为实现RRI而需要采取的行动和措施，因此确定这些行动及其理由是很重要的。哪种治理模式能代表整合委员会强调的五个关键点的最佳解决方案？它的任务是什么？

正如我们所强调的那样，政治领域中出现的问题令人费解，而治理领域正试图对此作出应对。这就是实现这一进程的治理措施的关键作用。

杰索普（Jessop）认为，治理是"克服统治者和代议政体中被统治者之间的分歧，以及确保越来越多的利益相关者在政策制定和实施中作出投入和承诺的重要手段"［JES 03］。杰索普和舍恩（Schön）认为，实际的治理模式要求两个群体（统治者和被统治者）都参与社会学习过程［SCH 83］。委员会似乎认为，考虑到其他五个关键点，共同参与协作解决问题可以导致（自我）对制度变量进行批判性审查：目标、价值观、计划和规则。

治理需要通过这种动态结构来发展。一种能够重新定义自身规范的结构，以便根据社会需求和要求应对重大历史挑战。[①]

根据这一观点，我们可以提出一种反思性治理，即能够审查其自身机制并确保制度性学习的治理［LEN 03］。反思能够导致对自身的目的和目标以及实现这些目标的策略提出质疑。

这种治理模式必须从社会动态的互补角度出发，通过学习能力和跨不同社会维度的适应性来发展。此外，它必须具体嵌入旨在教育和促进的社会制度中。因此，这种治理应该导致制度的共同决定和共同社会关系的形成。

因此，由于文件中的具体提及，鉴于我们对前面五个关键点的理解，并以我们的观点为基础，我们需要将治理视为一种可以通过伦理视角建立参与的结构，即旨在促进自由的社会动态的补充视角。我们可以将这种治理称为"伦理治理"。"伦理治理"是一种尝试，我们可以将其描述为背景价值和规范考量，以便在不同的单一视角之间建立对话，从而构建并最终实现一个共同的制度框架。"伦理治理"是考虑所有这些观点并在公共制度中客观化的总体手段，其目的是基于自由的缘故而在合法性和效力之间达成一种反思平衡。[②] 因此，"伦理治理"必须从社会动态的互补角度出发，通过不同社会维度之间的学习能力和适应能力来发展。

---

① http://ec.europa.eu/reseach/innovationunion/pdf/expertgroups/the_challenge_of_addressing_Grand_challenges.pdf.

② 关于平衡的概念，根据其厚度的不同，有不同的理解。见［RAW 79, REB 11］。

"伦理治理"旨在通过三个互补行动实现这一目标。首先，通过主观决定与客观现实之间的辩证关系，启动基于参与的过程。第二，综合管理这些方面之间的关系。第三，根据部分索赔的主张来管理来自社会的冲突。无须定义潜在冲突的原因，我们可以通过采用单一而非互补的观点或采取与其任务完全矛盾的立场来总结潜在冲突〔DEW 54，HON 14〕。所有这三种行动都应该通过代表主观价值观、规范和偏好的客观形式的制度手段来激活和维持。目标是在不同的视角和社会维度之间追求或最终获得一种不稳定的"反思平衡"〔RAW 79〕。

结　论

　　虽然本书并非源于对价值观或规范的具体引用，但它的整个结构是建立在一个关键的价值观之上的，即一种被理解为社会自由的自由。所有这六个行动要点都是旨在社会层面上界定实现个人自由的条件。制度流程须依赖于认知能力和知识素养以保证对发展讨论性和反思性实践要素的正确理解。这些参与性过程的发展必须依据伦理视角来进行从而设法超越法律的单一维度，走向主体间道德关系的领域。因此，治理的任务之一就是积极地促使规则和机制能够通过其他关键要素来防范不道德行为。据我所知，从词典顺序来看，这六个关键词与社会自由和责任的发展模式是一致的。只有通过认知自由来整合参与社会条件中的必然性，才能促进道德反思的发展。但是，自由的两个维度预设并回到了一个主体间伦理关系的具体维度。从另一种意义上来说，为了能够共同决定对个体自由和公共自由的表达，这一进程从治理伊始就必须实施道德措施以促进公众参与和知识的获取。

　　因此，置于本书架构中的关键点不但必须预设为自由的表达，而且还成为一个动态的、积极的且创新的过程的范例。通过这个例子，我们可以以一种内在方式确定个体自由在制度层面上的表达。

这些标志给我们在分析负责任研究和创新（RRI）时提供一个参照框架的引导，正如伦理视角所隐含的那样，所有这些引导我们分析负责任研究和创新（RRI）的标志为我们提供了一个基于更普遍同时更加内在标准的参照框架。对未知其内容的挑战作出回应的可能性迫使我们采取一种准先验的框架。同时我们只能以一种内在方式来确认决定我们能否成功解决不同挑战的应用。这种伦理向度，仅仅以一种含蓄的方式存在于欧盟委员会所给出的标准中。

可以说，明确提及自由是一种无声的反抗，这或许是为了明确负责任创新而下一步应该展开的。制度预设应当在其最深层意义上强调自由意志主义的背景，即社会自由。只有预设社会自由才能赋予我们将所有关键环节关联起来的关键参照价值，并在此基础上实施各种形式的民主治理。我想不出另一种概念能够承担负责任创新过程中所包含的任务，它能够同时立足于稳定性、超越性和内在性。只有在维护和实现自由的问题上，我们才能找到一个形式稳定、内容灵活的明确立足点。

正如上文所说，这种观点符合伦理考量，为了对 RRI 进行评估，我们需要考虑这一过程是否以在不同社会领域之间保持平衡之后在数量或质量上增加自由度为目标。

我们将以一种方法论为例，试着提供一个更具体的视角来说明如何在实际情况下做到自由实现，但唯一的缺点是它没能为基础决策提供规范性参照。然而，为了实现这一目标，我们确实有只需要把自由作为规范标准的先例。

在规范性考虑和道德过载之间的大多数困境可以通过采用一

种设法维持这两者基本需求的观点来解决，添加一个附加因素就会产生不同的结果。这一结果将不仅包括这两个医素的综合，而且包含一个具有巨大潜力和开放性挑战的新要素。

这种伦理运作的基础很大程度上是黑格尔式的观点，并借鉴了由此衍生的社会学和哲学传统。

这仅仅是个可以根据我们的预设自由来填补操作性的建议。从这个意义上说，自由发挥着推动这一进程并使其基础化的双重作用。如我们所见，我们的自由是通过个体态度的表达成为可能性的方式来实现的。创造力、灵活性和想象力仅仅是抓住了目前个人生活计划和社会趋势的几个关键词。因此，创新在某种程度上代表了必须以这种方式处理这一趋势的表达。

创新不再被认为仅仅是经济战略上的表现，也不再是一个纯粹的价值中立的技术过程［VAN 13a］。克服根据二元论普遍认为的科学和社会相分离的方案有助于形成一个更加全面的概念框架。

如果我们设想技术是社会价值观的或隐或显的表达，这就是有可能的。正如范登·霍温（在某种程度上还有阿明·格伦瓦尔德）所着重强调的那样，一些看似无法解决的困境其实根本就不是无解的。在理解技术产品是纯客观的，即中立的过程中，这个问题的脉络是可以把握的。范登·霍温认为这样的理解是不准确的：没有一种技术是价值中立的［VAN 12a］。不管是有意还是无意，一种特定的技术、应用或服务总是有可能以牺牲另一种概念为代价，支持或适应一种对美好生活的特定概念，因此，明确在发挥作用时的特定价值，并在实践中评估他们的实现方式，从而相应地调整我们的思维是有益的［VAN 13a，p.76］。

将科学和社会看作两个独立的实体，彼此作为一个没有共同之处的附加物的风险，哈贝马斯的观点已经在其他地方强调过了［HON 91］，其风险在于为地区和意识形态的管理留下了重要余地。如果我们不以一种明确和反思的方式处理价值观，我们就有可能冒着商业力量、常规惯例和不良意图破坏自由的风险，并将价值观强加于相关各方没有讨论和反思的技术之上［VAN 13a，p.76］。

　　如果当时我们的基本思想是涵盖科学和社会之间的距离，突出或揭示双方之间的实质性联系，及其如何在不同的社会领域中发展，第二点则必须说明如何处理范登·霍温精确地定义为道德过载的情况。当一个人背负着不能同时实现的相互冲突的义务或价值观时，他就在道德上超负载了［VAN 13a，p.77］。正如哈特和凯尔森所强调的那样，道德观点本身并不能保持稳定和一致。如果一方面，动态社会历史以不可预见的方式扭曲道德要求，另一方面，道德多元化产生冲突，则很难从中推断出和谐的图景。为了找到解决研究与创新中存在的冲突的方法，我们需要从另一个角度来看待正在发挥作用的各种要素。为了找到一个可以包含不同道德特征的类别，通过共享的工具将它们联系起来，这本身就是这个过程的表达，我们需要审视一下 RRI 所体现的研究与创新的伦理维度。RRI 必须能够将个人的主张扬弃为一个能够产生社会领域之间关系的新表达的框架。正如范登·霍温明确强调的那样，隐私和国家安全的冲突似乎可以通过技术和设计以增强隐私技术的形式来解决。经济增长和可持续性之间的冲突已经通过可持续性技术得以解决［VAN 13a，p.77］。我认为这是应对来自 R&I 领域挑战的完美典范。此外，如果我们在这种形式的方法论上增加对自由权的提及，我们就可以实现 RRI 的伦理框架。

因此，应该根据这个普遍概念来理解 RRI 框架的发展和应用。创新和科学研究的成果一样也产生自未来，因而必须加以界定。由于逻辑、道德和实际的原因，价值观、规范、利益和欲望都是无法预见的。因而，我们不能简单地给未来打上现在的印记，而是应该在未来的基础上构建现在。我相信，我们可以按照为实现我们自由而承担责任来做到这一点。

一词多义的责任具有双重性质。这既是对每一次自由实现的回应，也是一种确保将来依然能存在这些自由的承诺和保证。此外，由于不断被提及保护自由的需要，因此责任也是先验的。同时，它的内在原因是，除了必须保留其可能性条件这一事实以外，无法预先确定其内容。这种对责任的建构改变了现实，而不仅仅倾向于维持现状，类似于范登·霍温在谈到二阶道德时提出的概念。从某种意义上说，他将创新阐释为第二类道德义务：一种改变世界的义务，它使我们能够履行更多的第一类道德义务。因此据我的理解，欧盟以 RRI 为缩写提出的责任标准是基于这种比简单的风险法律管理更宽泛的概念，因为它营造积极的创新的维度来作为一种在社交网络中实现新的自由表达的可能性。

如果我们将欧盟委员会提供的明确指示与迄今为止形成的概念化发展联系起来，我们可以找到更明确的条件来确立 RRI 的准则。

我们需要把 RRI 视为一个符合以下标准的框架：第一，它是被保障并因此增强自由的需要所驱动的。目前社会完全被自由主张所驱动，这些主张根据不同的维度而呈现出不同的形态，但有着共同的基本目标——自由。只有在某些制度条件具备的情况下，个人意志和自我实现才有可能实现，在这方面，RRI 需要通过推动研究和创新不断推进来植入这些主张。

每种维度都要满足创造它的原因和目的。这就意味着，在其制度情景内每种维度都依赖于需要明确表达的特定价值、规范、利益和信仰。发展性研究和创新性问题往往在于某些隐含性假设，接着这些假设会被公开歪曲、漠视甚至摒弃，这也意味着每种维度都不会去统治或让自己被其他社会领域的逻辑所统治。

第三个也是最关键的条件是，这一框架能够在不同的维度之间达到并保持一种反思性平衡。包容性是我们需要遵循的欧盟采用的关键词之一，包容性不能被简化为个人之间静态的既定规则，而应该被视为多层面的参与。我们并不是建议一种算术平衡，而是基于内在问题的深思熟虑的平衡。整个社会普遍存在的恐惧之一，就是一种逻辑或理性会凌驾于其他逻辑或理性之上。这始终是有可能且在某些方面来说是必要的，由于它源自于个人的内在需求因而最初是矛盾的。一项创新，无论是在产品方面还是在过程方面，总是有冲突的，因为它打破了既定的秩序，迫使社会各部分进行相应的反思和调整。[①] 但是这种能量，即嵌入在每个维度的表达能力，需要被安插在一个关系结构中，以缓和它并促进它的扩展，并且我们不能忘记创新本身的关系本质。最后，创新涉及根据不同的结果在不同的领域中使用某一特定领域的技术 [SCH 82a，第 2 章]。因此，这种平衡不是简单的妥协，而是一种新的视角，它体现和升华了实现自由的两种及以上的视角。我认为这三个标准可以确定 RRI 的伦理框架。

---

① 熊彼特认为创新是一种颠覆。

其结果将有望形成一种能够引导所有这些方面在其应用中整合的结构，在该结构中整体远远大于部分之和［OWE 13，p.14］。

如果从政治合理性的角度来阐释 RRI，它就不应该被视为是埃瓦尔德说的那样，是一种表达和扩展（新）自由统治的工具。相反，RRI 需要被理解为一种刺激，基于此，欧盟希望通过这种刺激以稳定的责任与自由辩证法重新整合各个社会领域。从概念的角度看，其他解释是否同样正确且有效可能会引起争议。事实上，我在这篇分析文章中试图指出的是一种值得借鉴的社会模型。某些结构性现实的社会学存在并没有被耗尽，我认为它们应被理解为一项任务而非状态。事实上对 RRI 的理解是不正确的，我们更应该把它作为一个永远无法实现的行动框架。RRI 实际上将是要实现的一项行动，而政治概念上的引用是理解如何设法扩展我们的自由的工具。

RRI 的目标是创新和发展研究，不仅是为了欧洲的生存，也是为了它的发展。为了获得这一目标的成功，必须让这一问题的两个方面，即合法性和有效性保持一致。这首先使责任准则成为可能，而责任准则展现了回应自由的多义性视角。此外，通过在制度层面上对不同接受意愿的均衡理解，这种观点由于它以一种客观的方式包含了所有个体的需要、利益和欲望而具有伦理价值。换言之，制度机制负责保证和实现自由。这样，RRI 就成为一个伦理框架，因为它通过在确定的社会环境中存在的旨在保障和提高自由水平的价值、规范等手段，以制度化的方式面对未来。

RRI 体现了在自由概念中始终以辩证关系存在的双重性质。保障自由的可能性取决于实现自由的能力。由于是通过责任概念来呈现的伦理结构，RRI 不仅要求对创新进行监督，而且最重要的是提高其创新效率，将其纳入生产性和主体间性的维度。RRI不是一个静态的司法结构，而是对采取行动和产生进步的需求的具体回答，这种进步即实现自由。如果我们想要落实 RRI 及其在社会中的作用，那么我们应该考虑 RRI 的本质：它是一个有助于阐明社会中不同规范集的框架，旨在促进社会层面的自由。

只有把 RRI 视为一个伦理框架，一个能够协调地包含所有如经济、法律和道德等不同子系统的伦理框架，我们才能为负责任研究和创新制定合理有效的方法。

参考文献

［ADA 11］ADAM B., GROVES C., "Futures tended: care and future-oriented responsibility", *Bulletin of Science, Technology & Society*, vol. 31, pp.17–27, 2011.

［ADO 96］ADORNO W.T., *Aesthetic Theory*, University of Minnesota Press, 1996.

［ARE 82］ARENDT E., *Lectures on Kant's Political Philosophy*, University of Chicago Press, 1982.

［ARE 91］ARENDT H., *On Revolution*, Penguin, London, 1991.

［ARE 05］ARENDT H., *Responsibility and Judgment*, Schocken, Berlin, 2005.

［ARI 09］ARISTOTLE, *Nicomachean Ethics*, Oxford University Press, 2009.

［ARN 69］ARNSTEIN S., "A ladder of citizen participation", *Journal of the American Planning Association*, vol. 35, no. 4, pp.216–224, July 1969.

［BAC 10］BACKHAUS G., *The Beginnings of Political Economy: Johann Heinrich Gottlob Von Justi*, Springer, New York, 2010.

［BAX 11］BAXTER H., *Habermas: the Discourse Theory of Law and Democracy*, Stanford University Press, 2011.

[BEA 11] BEAUVOIR DE S., *The Second Sex*, Vintage, London, 2011.

[BEC 92] BECK U., *Risk Society: Towards a New Modernity*, Sage Publications, London, 1992.

[BEN 48] BENTHAM J., LAFLEUR L.J., *An Introduction to the Principles of Morals and Legislation*, Hafner Pub. Co., New York, 1948.

[BER 02] BERLIN I., *Liberty: Incorporating Four Essays on Liberty*, Oxford University Press, 2002.

[BES 13] BESSANT J., "Innovation in the twenty-first century", in OWEN R., BESSANT J., HEINTZ M. (eds), *Responsible Innovation*, John Wiley & Sons, Hoboken, NJ, 2013.

[BIJ 87] BIJKER W., HUGHES T., PINCH T., *The Social Construction of Technological Systems: New Directions in the Sociology and History of Technology*, MIT Press, Cambridge, MA, 1987.

[BIJ 94] BIJKER W., LAW J. (eds), *Shaping Technology and Building Society*, MIT Press, Cambridge, MA, 1994.

[BIM 96] BIMBER B., *The Politics of Expertise in Congress: The Rise and Fall of the Office of Technology Assessment*, State University of New York Press, New York, 1996.

[BLO 14] BLOK V., "Look who's talking: responsible innovation, the paradox of dialogue and the voice of the other in communication and negotiation processes", *Journal of Responsible Innovation*, vol. 2, pp.171–190, 2014.

[BOD 85] BODMER W.F., *The Public Understanding of Science*, The Royal Society, London, 1985.

[BOL 99] BOLTANSKI L., CHIAPELLO E., *The New Spirit of Capitalism*, Verso, London, 1999.

[BOL 11] BOLTANSKI L., GREGORY E., *On Critique: A Sociology of Emancipation*, Polity Press, MA, 2011.

［BOU 02］BOUHAÏ N., Lire, réécrire et partager le savoir sur le web: problèmes et solutions, PhD Thesis, University of Paris VIII Saint Denis, 2002.

［BOV 98］BOVENS M., *The Quest for Responsibility. Accountability and Citizenship in Complex Organisations*, Cambridge University Press, 1998.

［BOV 13］BOVENS M., GOODIN R.E., SCHILLEMANS T. (eds), *The Oxford Handbook of Accountability*, Oxford University Press, 2013.

［BRA 98］BRANDOM R.B., *Making it Explicit: Reasoning, Representing and Discursive Commitment*, Harvard University Press, Cambridge, MA, 1998.

［BRÄ 12］BRÄUTIGAM T., "PIA: cornerstone of privacy compliance at Nokia", in WRIGHT D., DE HERT P., *Privacy Impact Assessment*, Springer, Dordrecht, 2012.

［BRO 93］BROWN L. (ed.), *The New Shorter Oxford English Dictionary*, vol. 2 Oxford University Press, Oxford, 1993.

［BUT 06］BUTLER J., *Gender Trouble. Feminism and the Subversion of Identity*, Routledge, New York, 2006.

［CAL 09］CALLON M., LASCOUMES P., BARTHE Y., *Acting in an Uncertain World*, MIT Press, Cambridge, MA, 2009.

［CAR 62］CARSON R., *Silent Spring*, Penguin Classics, London, 1962.

［COM 03］COMPTE C., "Enjeux de la formation ouverte et à distance: technologies et apprentissages", in SALEH I., LEPAGE D., BOUYAHI S. (eds), *Les TIC au coeur de l'enseignement à distance*, Actes Huit Coll, University of Paris VIII, 2003.

［DÁV 07］DÁVILA GÓMEZ A.M., CROWTHER D. (eds), *Ethics, Psyche and Social Responsibility*, Ashgate, Aldershot, 2007.

［DEW 16］DEWEY J., *Democracy and Education: An Introduction to the Philosophy of Education*, Macmillan, New York, 1916.

［DEW 54］DEWEY J., *The Public and its Problems*, Swallow Press/Ohio

University Press, 1954.

［DUR 97］DURKHEIM E., *The Division of Labor in Society*, Free Press, New York, 1997.

［DWO 78］DWORKIN R., *Taking Right Seriously*, Harvard University Press, Cambridge, MA, 1978.

［DWO 85］DWORKIN R., *A Matter of Principle*, Harvard University Press, Cambridge, MA, 1985.

［DWO 88］DWORKIN R., *Law's Empire, Harvard University Press*, Cambridge, MA, 1988.

［EWA 86］EWALD F., *L'Etat Providence*, Grasset et Fasquelle, Paris, 1986.

［FER 02］FERRY J.M., *Valeures et Normes*, Universite Libre Bruxelles, Brussels, 2002.

［FIS 13］FISHER E., RIP A., "Responsible innovation: multi-level dynamics and soft interventions", in OWEN R., HEINTZ M., BESSANT J. (eds), *Responsible Innovation*, Wiley, Chichester, 2013.

［FOES 15］FOESSEL M., HABERMAS J., Critique and communication: philosophy's missions. A conversation with Jürgen Habermas, available at: http://www.eurozine.com/articles/2015-10-16-habermas-en.html, 2015.

［FRA 88］FRANKFURT H., *The Importance of What We Care About*, Cambridge University Press, 1988.

［FUN 06］FUNG A., "Varieties of participation in complex governance", *Public Administration Review*, vol. 66, pp.66–75, 2006.

［FUN 12］FUNG A., "Continuous institutional innovation and the pragmatic conception of democracy", *Polity*, vol. 44, no. 4, pp.609–624, 2012.

［GEO 12］GEOGHEGAN-QUINN, available at: https://ec.europa.eu/research/science-society/document_library/pdf_06/responsible-research-and-innovation-leaflet_en.pdf, 2012.

［GIA 15］ GIANNI R., "Framework for the comparison of theories of responsible innovation in research", *GREAT Project*, available at http://www.great-project.eu/D5.1. 2015.

［GID 99］ GIDDENS A., "Risk and responsibility", *The Modern Law Review*, vol. 61, pp.1–10, 1999.

［GOD 07］ GODIN B., "The linear model of innovation: the historical construction of an analytical framework", *Science, Technology and Human Values*, vol. 31, no. 6, 2007.

［GOO 95］ GOODIN R.E., *Utilitarianism as a Public Philosophy*, Cambridge University Press, 1995.

［GRI 13］ GRINBAUM A., GROVES C., "What is 'responsible' about responsible innovation? Understanding the ethical issues", in OWEN R., BESSANT J., HEINTZ M. (eds), *Responsible Innovation*, John Wiley & Sons, Hoboken, NJ, 2013.

［GRU 09］ GRUNWALD A., "Technology assessment – concepts and methods", in MEIJERS A. (ed.), *Philosophy of Technology and Engineering Sciences*, Handbook of the Philosophy of Science, Elsevier, 2009.

［GRU 11］ GRUNWALD A., "Responsible innovation: bringing together technology assessment, applied ethics, and STS research", *Enterprise and Work Innovation Studies*, vol. 7, pp.9–31, 2011.

［GRU 15］ GRUNWALD A., "Technology assessment for responsible innovation", in VAN DEN HOVEN J., DOORN N., SWIERSTRA T. et al. (eds), *Responsible Innovation 1. Innovative Solutions for Global Issues*, Springer Science+Business Media Dordrecht, 2015.

［GUN 98］ GUNTHER K., "Communicative freedom, communicative power, and jurisgenesis", in ROSENFELD M., ARATO A. (eds), *Habermas on*

Law and Democracy: Critical Exchanges, University of California Press, Berkeley, CA, 1998.

［HAB 70］HABERMAS J., *Toward a Rational Society: Student Protest*, Science and Politics, Beacon Press, Boston, 1970.

［HAB 72］HABERMAS J., *Knowledge and Human Interests*, Beacon Press, 1972.

［HAB 84］HABERMAS J., *Theory of Communicative Action*, Beacon Press, Boston, 1984.

［HAB 98］HABERMAS J., *Between Facts and Norms*, Polity Press, Cambridge, 1998.

［HAB 03］HABERMAS J., *Truth and Justification*, MIT Press, Cambridge, MA, 2003.

［HAB 12］HABERMAS J., *The Crisis of the European Union*, Polity, Cambridge, 2012.

［HAB 15］HABERMAS J., "Critique et communication: les tâches de la philosophie", *Esprit*, no. 417, pp.40–54, August–September 2015.

［HAR 88］HARAWAY D., "Situated knowledges: the science question in feminism and the privilege of partial perspective", *Feminist Studies*, vol. 14, no. 3, pp.575–599, 1988.

［HAR 94］HART H.L.A., *The Concept of Law 2nd ed.*, Clarendon, Oxford, 1994.

［HAR 01］HARRIMOES P.(ed.), Late lessons from early warnings: the precautionary principle, 1896–2000, Environmental Issue Report 22, European Environment Agency, Brussels, 2001.

［HAR 08］HART H.L.A., *Punishment and Responsibility. Essays in the Philosophy of Law*, Oxford University Press, 2008.

［HEG 91］HEGEL G.W.F., *Elements of the Philosophy of Right*, Cambridge University Press, 1991.

［HEI 08］HEIDEGGER M., *Letter on Humanism*, Harper Perennial Modern Classics, New York, 2008.

［HER 02］HERDER J.G., "On the cognition and sensation of human soul", in *Philosophical Writings*, Cambridge University Press, Cambridge, MA, 2002.

［HOB 68］HOBBES T., *Leviathan*, Penguin, Harmondsworth, 1968.

［HÖF 06］HÖFFE O., *Kant's Cosmopolitan Theory of Law and Peace*, Cambridge University Press, Cambridge, 2006.

［HON 91］HONNETH A., *The Critique of Power: Reflective Stages in a Critical Social Theory*, MIT Press, Cambridge, MA, 1991.

［HON 95］HONNETH A., *The Struggle for Recognition: the Moral Grammar of Social Conflicts*, Polity Press, Cambridge, MA, 1995.

［HON 09］HONNETH A., *Pathologies of Reason*, Columbia University Press, New York, 2009.

［HON 10］HONNETH A., *Das Ich im Wir*, Suhrkamp, Berlin, 2010.

［HON 14a］HONNETH A., *Freedom's Right. The Social Foundations of Democratic Life*, Polity Press, Paris, 2014.

［HON 14b］HONNETH A., *De la reconnaissance à la liberté*, Bord de l'eau, Paris, 2014.

［HOR 02］HORKHEIMER M., ADORNO T.W., *Dialectics of Enlightment*, Stanford University Press, Stanford, 2002.

［HUS 70］HUSSERL E., *The Crisis of European Sciences and Transcendental Phenomenology: An Introduction to Phenomenological Philosophy*, Northwestern University Press, Chicago, 1970.

［JAC 13］JACOB K., VAN DEN HOVEN J., NIELSEN L. *et al.*, Options for strenghtening RRI, Report of the Expert Group on the State of Art in Europe on Responsible Research and Innovation, EU Commission, 2013.

［JAS 90］JASANOFF S., *The Fifth Branch: Science Advisers as Policy Makers*, Cambridge University Press, Cambridge, MA, 1990.

［JES 03］JESSOP B., "Governance and metagovernance: on reflexivity, requisite, variety, and requisite irony", in BANG H.P.(ed.), *Governance, as Social and Political Communication*, Manchester University Press, Manchester, 2003.

［JON 79］JONAS H., *The Imperative of Responsibility: In Search of Ethics for the Technological Age*, University of Chicago Press, Chicago, 1979.

［KAL 80］KALBERG S., "Max Weber types of rationality", *American Journal of Sociology*, vol. 85, no. 5, pp.1145–1179, 1980.

［KAN 79］KANT I., *The Conflict of the Faculties*, Abaris Books, New York, 1979.

［KAN 97］KANT I., *Critique of Practical Reason*, Cambridge University Press, Cambridge, 1997.

［KAN 98］KANT I., *Critique of Pure Reason*, Cambridge University Press, Cambridge, MA, 1998.

［KAN 09］KANT I., *Groundwork of the Metaphysics of Morals*, Harper Perennial Modern Classics, New York, 2009.

［KEL 41］KELSEN H., *Vergeltung und Kausalität*, University of Chicago Press, Chicago, 1941.

［KEL 43］KELSEN H., Collective and Individual Responsibility in International Law with Particular Regard to the Punishment of War Criminals, 31 Cal. L. Rev. 530, available at: http://scholarship.law.berkeley.edu/californialawreview/vol31/iss5/3, 1943.

［KEL 64］KELSEN H., *Die Funktion der Verfassung*, (Neues) Forum, vol. 132, 1964.

［KEL 05］KELSEN H., *Pure Theory of Law*, California University Press, Berkeley, 2005.

［KER 15］KERVÉGAN J.F., *La raison des normes: essai sur Kant*, Vrin, Paris, 2015.

［KRI 82］KRISTEVA J., *Powers of Horror. An Essay on Abjection*, Columbia University Press, New York, 1982.

［LAC 99］LACAN J., *Encore*, le Seuil, Paris, 1999.

［LAT 88］LATOUR B., *Science in Action*, Harvard University Press, Cambridge, MA, 1988.

［LAV 13］LAVELLE S., SCHIEBER C., SCHNEIDER T., "Ethics and governance of nuclear technology: the case of the long term management of radioactive wastes", in DORIDOT F., DUQUENOY P., GOUJON P. *et al.* (eds), *Ethical Governance of Emerging Technologies Development*, IGI Global, Hershey, 2013.

［LAZ 97］LAZZARATO M., *Lavoro Immateriale. Forme di vita e produzione di soggettività*, Ombrecorte, Verona, 1997.

［LEE 13］LEE R.G., PETTS J., "Adaptive governance for responsible innovation", in OWEN R., BESSANT J., HEINTZ M. (eds), *Responsible Innovation*, John Wiley & Sons, Hoboken, NJ, 2013.

［LEG 09］LE GOFF A., Démocratie délibérative et démocratie de contestation. Repenser l' engagement civique entre républicanisme et théorie critique, Université de Paris Ouest-Nanterre, 2009.

［LEN 03］LENOBLE J., MAESSCHALCK M., *Toward a Theory of Governance: the Action of Norms*, Kluwer Law International, 2003.

［LEN 10］LENOBLE J., MAESSCHALCK M., *Democracy, Law and Governance*, Ashgate, Farnham, 2010.

［LEV 98］LEVINAS E., *Otherwise Than Being or Beyond Essence*,

Duquesne University Press, Pittsburgh, PA, 1998.

［LUN 09］LUND DECLARATION, Conference: new worlds – new solutions, Research and innovation as a basis for developing Europe in a global context, Lund, Sweden, available at: http://www.se2009.eu/polopoly_fs/1.8460!menu/standard/file/lund_declaration _final_version_9_july.pdf, July 7–8 2009.

［MAL 13］MALSCH I., "Responsible innovation in practice – concept and tools", *Philosophia Reformata*, vol. 78, pp.47–63, 2013.

［MAU 00］MAUSS M., *The Gift: the Form and Reason for Exchange in Archaic Societies*, Norton & Company, New York, 2000.

［MCI 84］MCINTYRE A., After Virtue: a Study in Moral Theory, University of Notre Dame, South Bend, 1984.

［MEL 09］MELD SHELL S., *Kant and the Limits of Autonomy*, Harvard University Press, Cambridge, MA, 2009.

［MEN 12］MENKE C., *Force. A Fundamental Concept of Aesthetic Anthropology*, Fordham University Press, New York, 2012.

［MIC 03］MICHAEL B., "Corporate social responsibility in international developments: an overview and critique", *Journal of Corporate Social Responsibility and Environmental Responsibility*, vol. 10, no. 3, pp.115–128, 2003.

［MIL 78］MILL J.S., *On Liberty*, Hackett, Indianapolis, 1978.

［MOY 12］MOYAR J., "Consequentialism and deontology in the philosophy of right", in BROOKS T. (ed.), *Hegel's Philosophy of Right*, Blackwell, Oxford, 2012.

［NAK 11］NAKHIMOVSKY I., *The Closed Commercial State. Perpetual Peace and Commercial Society from Rousseau to Fichte*, Princeton University Press, Princeton, 2011.

［NEU 00a］NEUHOUSER F., *Actualizing Freedom: the Foundations of*

Hegel's Social Theory, Harvard University Press, Cambridge, MA, 2000.

［NEU 00b］NEUHOUSER F., *Foundations of Hegel's Social Theory*, Harvard University Press, Cambridge, MA, 2000.

［NOR 91］NORRIE A.W., *Law, Ideology and Punishment: Retrieval and Critique of the Liberal Ideal of Criminal Justice*, Springer Netherlands, Dordrecht, 1991.

［NOR 14］NORDMANN A., "Responsible innovation, the art and craft of future anticipation", *Journal of Responsible Innovation*, vol. 1, no. 1, pp.87–98, 2014.

［NOZ 13］NOZICK R., *Anarchy, State and Utopia*, Basic Books, New York, 2013.

［OWE 13］OWEN R., BESSANT J., HEINTZ M. (eds), *Responsible Innovation*, John Wiley & Sons, Hoboken, NJ, 2013.

［PAR 91］PARSONS T., "The integration of economic and sociological theory. The Marshall lectures", *Sociological Inquiry*, vol. 61, no. 1, pp.10–59, 1991.

［PAR 12］PARSONS T., *The Social System Parsons*, Routledge, Oxon, 2012.

［PAU 92］PAULSON L.S., "The neo-Kantian dimension of Kelsen's pure theory of law", *Oxford Legal Studies*, vol. 12, no. 3, pp.311–332, 1992.

［PAU 99］PAULSON S., *Normativity and Norms: Critical Perspectives on Kelsenian Themes*, OUP, Oxford, 1999.

［PAV 14］PAVIE X., SCHOLTEN V., CARTHY D., *Responsible Innovation. From Concept to Practice*, World Scientific, Singapore, 2014.

［PES 03］PESTRE D., *Science, Argent et Politique*, Editions Quae, Paris, 2003.

［PIE 99］PIERRE J., "Models of urban governance: the institutional dimension of urban politics", *Urban Affairs Review*, vol. 34, p.372, 1999.

［PIK 14］PIKETTY T., *Capital in the Twenty-First Century*, The Belknap Press of Harvard University Press, Cambridge, MA, 2014.

［RAW 79］RAWLS J., *A Theory of Justice*, Harvard University Press, Cambridge, MA, 1979.

［RAZ 86］RAZ J., *The Morality of Freedom*, Clarendon Press, Oxford, 1986.

［RAZ 14］RAZ J., *From Normativity to Responsibility*, Oxford University Press, Oxford, 2014.

［REB 05］REBER B., "Technologies et débat démocratique en Europe. De la participation à l'évaluation pluraliste", *Revue Française de Science Politique*, vol. 55, nos. 5–6, pp.811–833, 2005.

［REB 13］REBER B., PELLE S., Theoretical landscape, GREAT Project, 2013–2016, available at http://www.great-project.eu/deliverables_files/deliverables03, 2013.

［RIC 00］RICOEUR P., *The Just*, Chicago University Press, Chicago, 2000.

［RIC 07］RICOEUR P., *Reflections on the Just*, Chicago University Press, Chicago, 2007.

［RIP 94］RIPSTEIN A., "Universal and general will. Hegel and Rousseau", *Political Theory*, vol. 22, no. 3, pp.444–467, 1994.

［RIP 95］RIP A., MISA T., SCHOT J. (eds), *Managing Technology in Society: the Approach of Constructive Technology Assessment*, Thomson, London, 1995.

［RIP 10］RIPSTEIN A., *Force and Freedom: Kant's Legal and Political Philosophy*, Harvard University Press, Cambridge, MA, 2010.

［RIT 82］RITTER J., *Hegel and the French Revolution*. Essays on the Philosophy of Right, MIT Press, Cambridge, MA, 1982.

［ROC 01］ROCO M.C., BAINBRIDGE W.S. (eds), *Societal Implications of Nanoscience and Nanotechnology*, Kluwer, Boston, 2001.

［ROD 95］RODOTÀ S., *Tecnologie e diritti*, Il Mulino, Bologna, 1995.

［ROS 08］ROSTBOLL C., *Deliberative Democracy As Critical Theory*, Suny Press, Albany, 2008.

［ROU 68］ROUSSEAU J.J., *Social Contract*, Penguin Books, London, 1968.

［ROU 79］ROUSSEAU J.J., *Emile*, Basic Books, New York, 1979.

［SAN 82］SANDEL M., *Liberalism and the Limits of Justice*, Cambridge University Press, Cambridge, 1982.

［SAR 93］SARTRE J.P., *Being and Nothingness*, Washington Square Press, Washington, 1993.

［SCH 34］SCHUMPETER J.A., *The Theory of Economic Development: An Inquiry into Profits, Capital, Credit, Interest and the Business Cycle*, translated from the German by Redvers Opie, Transaction Publishers, New Brunswick and London, 1934.

［SCH 83］SCHÖN D.A., *The Reflective Practitioner: How Professionals Think in Action*, Temple Smith, London, 1983.

［SCH 98］SCHNEEWIND J.B., The Inv*ention of Autonomy: A History of Modern Moral Philosophy*, Cambridge University Press, Cambridge, 1998.

［SCH 11］SCHMIDT AM BUSH C.H., *Anerkennung als Prinzip der Kritischen Theorie*, De Gruyter, Berlin, 2011.

［SHE 15］SHE FIGURES, Report on gender in research and innovation, available at: https://ec.europa.eu/research/swafs/pdf/pub_gender_equality/she_figures_2015-leafletweb. pdf, 2015.

［SMA 01］SMALL A.W., *The Cameralists. The Pioneers of German Social Polity*, Batoche Books, Kitchener, 2001.

[SMI 02] SMITH A., *The Theory of Moral Sentiments*, Cambridge University Press, Cambridge, 2002.

[SPA 06] SPAAK T., *Kelsen and Hart on the Normativity of Law*, Stockholm Institute for Scandinavian Law, Stockholm, 2006.

[SPA 15] SPAAPEN J. *et al.*, Indicators for promoting and monitoring responsible research and innovation, EU Commission, available at http://ec.europa. eu/research/swafs/pdf/pub_rri/rri_indicators_final_version.pdf, June 2015.

[STA 13] STAHL C.B., EDEN G., JIROTKA M., "Responsible research and innovation in information and communication technology: identifying and engaging with the ethical implications of ICTs", in OWEN R., BESSANT J., HEINTZ M., (eds), *Responsible Innovation*, John Wiley & Sons, Hoboken, NJ, 2013.

[STI 08] STIRLING A., "'Opening up' and 'closing down': power, participation, and pluralism in the social appraisal of technology", *Science Technology and Human Values*, vol. 33, pp.262–294, 2008.

[STI 13] STIGLITZ J., *The Price of Inequality: How Today's Divided Society Endangers Our Future*, Norton & Company, New York, 2013.

[STR 14] STREECK W., *Buying Time: The Delayed Crisis of Democratic Capitalism*, Verso, London, 2014.

[SYK 13] SYKES K., MACNAGHTEN P., "Responsible innovation – opening up dialogue and debate", in OWEN R., BESSANT J., HEINTZ M. (eds), *Responsible Innovation*, John Wiley & Sons, Hoboken, NJ, 2013.

[TAY 84] TAYLOR C., "Foucault on freedom and truth", *Political Theory*, vol. 12, no. 2, pp.152–183, 1984.

[TAY 92] TAYLOR C., *Sources of the Self: the Making of the Modern Identity*, Harvard University Press, Cambridge, MA, 1992.

[TAY 94] TAYLOR C., *Multiculturalism: Examining the Politics of Recog-*

nition, Princeton University Press, Princeton, 1994.

［VAN 97］VAN EIJNDHOVEN J., "Technology assessment: product of process?", *Technology Forecasting and Social Change*, vol. 54, pp.269–286, 1997.

［VAN 12a］VAN DE POEL I., "The relation between forward-looking and backward looking responsibility", in VINCENT N., VAN DE POEL I., VAN DEN HOVEN J. (eds), *Moral Responsibility, Beyond Free Will & Determinism*, Springer, Dordrecht NL, 2012.

［VAN 12b］VAN DEN HOVEN J., LOKHORST G.J.C., VAN DE POEL I., "Engineering and the problem of moral overload", *Science and Engineering Ethics*, vol. 18, no 1, pp.1–13, 2012.

［VAN 13］VAN DEN HOVEN J., "Value sensitive design and responsible innovation", in OWEN R., BESSANT J., HEINTZ M. (eds), *Responsible Innovation*, John Wiley & Sons, Hoboken, NJ, 2013.

［VAN 14］VAN DER BURG S., "On the hermeneutic need for future anticipation", *Journal of Responsible Innovation*, vol. 1, no. 1, pp.99–102, 2014.

［VAN 14］VAN DEN HOVEN J., DOORN N., SWIERSTRA T. *et al.*, *Responsible Innovation 1.Innovative Solutions for Global Issues*, Springer Science+Business Media Dordrecht, 2014.

［VIN 12］VINCENT N , VAN DE POEL I., VAN DEN HOVEN J. (eds), *Moral Responsibility, Beyond Free Will & Determinism*, Springer Dordrecht NL, 2012.

［VON 93］VON SCHOMBERG R., *Science, Politics, and Morality: Scientific Uncertainty and Decision Making*, Kluwer, Dordrecht, 1993.

［VON 07］VON SCHOMBERG R., From the ethics of technology towards and ethics of knowledge policy. Working Document of the Service of the European Commission, available at: http://ec.europa.eu/research/science-society/pdf/

ethicsofknowledgepolicy_en.pdf, 2007.

〔VON 12〕VON SCHOMBERG, "Prospects for technology assessment in a framework of responsible research and innovation", in DUSSELDORP M., BEECROFt R. (eds), *Technikfolgen abschätzen lehren: Bildungspotenziale transdisziplinärer Methoden*, Vs Verlag, Wiesbaden, 2012.

〔VON 13〕VON SCHOMBERG R., "Vision of responsible research and innovation", in OWEN R., BESSANT J., HEINTZ M. (eds), *Responsible Innovation*, John Wiley & Sons, Hoboken, NJ, 2013.

〔WAL 06〕WALZER M., *Passion and Politics: Toward a More Egalitarian Liberalism*, Yale University Press, Yale, 2006.

〔WIL 82〕WILDT A., *Autonomie und Anerkennung: Hegels Moralkritik Im Lichte Seiner Fichte-Rezeption*, Klett-Cotta Verlag, Stuttgart, 1982.

〔WIL 84〕WILLIAMS B., *Moral Luck*, Suny Press, Albany, NY, 1984.

〔WIN 87〕WYNNE B., *Risk Management and Hazardous Waste: Implementation and the Dialectics of Credibility*, Springer, Berlin, 1987.

〔WIT 73〕WITTGENSTEIN L., *Philosophical Investigations*, 3rd ed., Pearson, London, 1973.

〔WOL 10〕WOLFF VON C., *Philosophia Practica Universalis: Methodo Scientifica Pertractata. Praxin Complectens, Qua Omnis Praxeos Moralis Principia Inconcussa Ex Ipsa Animae*, Nabu Press, Charlestion, SC, 2010.

〔WRI 85〕WRIGHT G.H., "Is and ought", in BULYGIN E. et al. (eds), *Man, Law and Modern Forms of Life*, Reidel, Dordrecht and Boston, 1985.